Marco Bettner
Michael Körner

Training Abschlussprüfung Mathematik

Realschule

Ernst Klett Verlag
Stuttgart · Leipzig

Die Autoren

Marco Bettner – Haupt- und Realschullehrer an der Haupt- und Realschule in Nidda; Rektor als Ausbildungsleiter für die Fächer Mathematik und Informatik am Studienseminar für Grund-, Haupt-, Real- und Förderschulen in Friedberg (Hessen); Lehrbeauftragter am Institut für Mathematikdidaktik der Justus-Liebig-Universität Giessen und Referent der Lehrerfortbildung

Michael Körner – Haupt- und Realschullehrer an der Singbergschule Wölfersheim; IT-Beauftragter der Schule; Ausbildungsbeauftragter für das Fach Mathematik am Studienseminar Friedberg; Fachberater Mathematik am Staatlichen Schulamt für den Wetterau- und den Hochtaunuskreis.

Weitere Titel der Autoren
- Training Abschlussprüfung Mathematik, Hauptschule
  (ISBN 978-3-12-004560-1)
- Formelsammlung für die Haupt- und Realschule, Mathematik, Chemie und Physik
  (ISBN 978-3-8344-3008-3)

1. Auflage 1 8 7 6 5 | 15 14

Alle Drucke dieser Auflage sind unverändert und können im Unterricht nebeneinander verwendet werden.
Die letzte Zahl bezeichnet das Jahr des Druckes.

Programmbereich Klett-Auer

Autoren: Marco Bettner, Michael Körner

Satz: Satzpunkt Ewert GmbH, Bayreuth
Druck: AZ Druck und Datentechnik GmbH, Kempten/Allgäu

Printed in Germany
ISBN 978-3-12-004559-5

9 783120 045595

Inhalt

Vorwort 4

Grundlagen wiederholen

Zuordnungen 5
Prozent- und Zinsrechnung 7
Diagramme 8
Winkel 10
Konstruieren 11
Flächeninhalt und Umfang 13
Binomische Formeln 15
Lineare Gleichungen und Ungleichungen 15
Lineare Funktionen 17

Themen Klasse 9/10

Lineare Gleichungssysteme 19
Quadratische Gleichungen 22
Quadratische Funktionen 25
Kreis 27
Satzgruppe des Pythagoras 29
Strahlensätze 31
Oberfläche und Volumen 33
Trigonometrie 37
Potenzen und Wurzeln 40
Potenzfunktionen 42
Exponentialfunktionen und Logarithmus 43
Stochastik 46

Vermischte Übungen 50

Lösungen 53

Anhang

Maßeinheiten und ihre Umrechnung 71
Abkürzungsverzeichnis 71
Stichwortverzeichnis 72

Vorwort

Liebe Schülerinnen und Schüler,

das vor euch liegende Heft stellt eine Hilfe und ein Nachschlagewerk zur Vorbereitung auf die Abschlussprüfung im Fach Mathematik der Realschule dar.

Alle wichtigen mathematischen Themen der Klassen 6 bis 10 werden anschaulich und verständlich erläutert, allgemeine Regeln bzw. Rechentechniken erklärt und mit Beispielaufgaben vorgerechnet. Zahlreiche Abbildungen und Skizzen helfen euch zusätzlich, den Stoff zu verstehen.
In dem Abschnitt „Grundlagen wiederholen" werden alle wichtigen Inhalte, die vor dem 9. und 10. Schuljahr liegen, wiederholt. In dem Abschnitt „Themen Klasse 9/10" geht es dann um Inhalte eurer letzten beiden Schuljahre.
Außerdem findet ihr in diesem Heft jede Menge Übungsaufgaben:
Nach jedem Unterkapitel (z. B. „Grundwertberechnung" im Kapitel „Prozent- und Zinsrechnung") folgen Trainingsaufgaben, in denen du prüfen kannst, ob du alles verstanden hast. Im hinteren Teil des Buches findest du dazu alle Lösungen und Tipps zu diesen Aufgabenstellungen. Du kannst also sofort überprüfen, ob du richtig gerechnet hast.
Am Ende eines jeden Oberthemas (z. B. „Prozent- und Zinsrechnung") folgt ein so genannter „Bist du fit?"-Test. Die Ergebnisse, die natürlich auch im Lösungsteil aufgeführt sind, zeigen dir, ob du den gesamten Inhalt des Kapitels beherrschst. Dabei musst du nicht immer alle Aufgaben rechnen. Sobald du merkst, dass du ein Thema verstanden hast, kannst du dir ein neues Kapitel des Heftes „vornehmen".

Mit dem Kapitel „Vermischte Übungen" wird ein weiterer Übungsteil angeboten. Hier stehen zahlreiche vermischte Aufgaben (und natürlich auch ihre Lösungen) zu Inhalten aus dem 9. und 10. Schuljahr zur Verfügung. Es werden verschiedene mathematische Themen miteinander vernetzt, so wie es auch in der Abschlussprüfung verlangt wird. An dieser Stelle wird dir also nochmals eine Rückmeldung über deinen derzeitigen mathematischen Wissensstand gegeben.

Mithilfe des Arbeitsheftes kannst du dir selbstständig die Themen für die Prüfung zu Hause oder in der Schule, zusammen mit deinem Lehrer/deiner Lehrerin oder mit deinen Mitschülerinnen und Mitschülern erarbeiten.
Du könntest dir ja z. B. zu Hause feste Übungszeiten festlegen (z. B. immer 30 Minuten pro Tag) oder mit Klassenkameraden an den Aufgaben und Themen arbeiten.

Marco Bettner
Michael Körner

P.S.: Als andauernder Begleiter zum Nachschlagen sowohl in der Schule als auch zu Hause und in der Abschlussprüfung empfehlen wir die „Formelsammlung für die Haupt- und Realschule"*.

* Bettner/Körner: Formelsammlung für die Haupt- und Realschule, Mathematik, Chemie, Physik. Horneburg: Persen Verlag. ISBN 3-8344-3008-0.

Grundlagen wiederholen

Zuordnungen

Proportionale Zuordnungen

Eine Zuordnung heißt proportional, wenn zum **2-fachen, 3-fachen, 4-fachen …** (oder zur Hälfte, zum Drittel, Viertel …) der Ausgangsgröße auch das **2-fache, 3-fache, 4-fache …** (oder die Hälfte, ein Drittel, Viertel …) der zugeordneten Größe gehört.
Es gilt die Regel: **Je mehr** (weniger) von der Ausgangsgröße, **desto mehr** (weniger) von der zugeordneten Größe.

Der Graph einer proportionalen Zuordnung ist immer eine **Halbgerade**, die im Punkt (0; 0) beginnt.
Proportionale Zuordnungen löst man mithilfe des Dreisatzes: Man schließt auf die Einheit durch Dividieren, dann auf das Vielfache durch Multiplizieren.

Beispiel
In einem Elektrogeschäft kosten 8 DVDs 72 €.
Wie viel kosten 5 DVDs?

	Anzahl	Preis (€)	
: 8	8	72	: 8
· 5	1	9	· 5
	5	45	

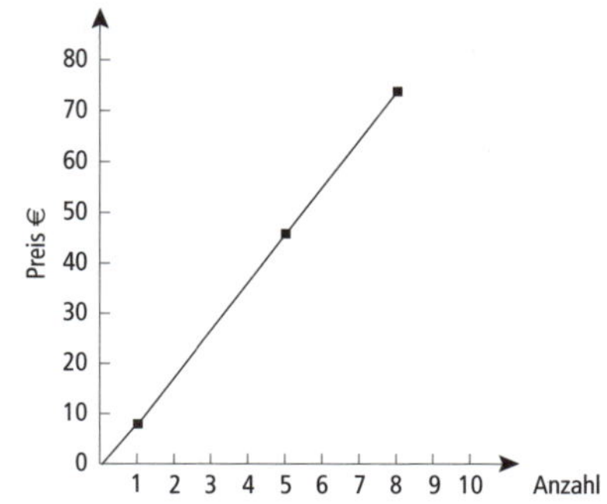

Aufgabe 1

Vervollständige die Tabelle.

Gefahrene Strecke (km)	150	50			100		600
Verbrauch des Autos (l)	18		9	1		33	

Aufgabe 2

Die Klasse 7d mit 28 Schülern bezahlt für 6 Tage Aufenthalt in einer Jugendherberge insgesamt 1 400 €.

a) Wie viel muss die Klasse 7b mit 25 Schülern für die gleiche Zeit in der gleichen Jugendherberge bezahlen?

b) Wie viel muss die Klasse 7c (28 Schüler) für 9 Tage Aufenthalt in der Jugendherberge bezahlen?

Antiproportionale Zuordnungen (umgekehrt proportionale Zuordnungen)

Eine Zuordnung heißt antiproportional, wenn zum **2-fachen, 3-fachen, 4-fachen …** (oder zur Hälfte, zum Drittel, Viertel …) der Ausgangsgröße **die Hälfte, ein Drittel, ein Viertel …** (oder das 2-fache, 3-fache, 4-fache …) der zugeordneten Größe gehört.
Es gilt die Regel: **Je mehr** (weniger) von der Ausgangsgröße, **desto weniger** (mehr) von der zugeordneten Größe.

Der Graph einer antiproportionalen Zuordnung ist eine **Hyperbel** (gekrümmte Linie, die weder die x-Achse noch die y-Achse schneidet oder berührt).
Antiproportionale Zuordnungen löst man mithilfe des Dreisatzes: Man schließt auf die Einheit durch Multiplizieren, dann auf das Vielfache durch Dividieren.

Beispiel
Um eine Grube auszuheben brauchen 9 Bagger 16 Tage.
Wie lange brauchen 6 Bagger?

	Anzahl	Tage	
: 9	9	16	· 9
· 6	1	144	: 6
	6	24	

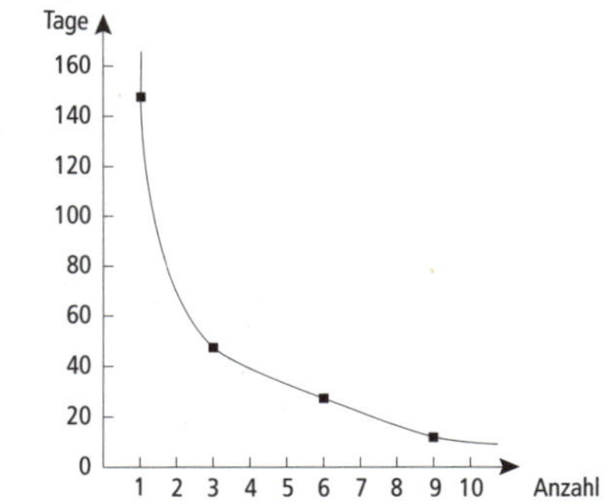

Grundlagen

Aufgabe 3

Vervollständige die Tabelle.
8 Arbeiter benötigen für einen Auftrag 144 Stunden.

Arbeiter	8	12			3		18
Dauer			72	192		18	

Aufgabe 4

Die Buskosten für einen Ausflug der Klasse 7H (25 Schüler) betragen für jeden Schüler 18 €.

a) Wie viel müsste jeder Schüler der Klasse 7H zahlen, wenn nur 24 Schüler mitfahren würden?

b) Um Kosten zu sparen, wird die Fahrt gemeinsam mit der Parallelklasse gemacht. Jetzt muss jeder Schüler 10 € zahlen. Wie viele Schüler fahren insgesamt mit?

Bist du fit? Teste dein Wissen!

Aufgabe 1

Familie Meyer plant für ihren Urlaub 560 € als „Taschengeld" ein. Wie viel Euro kann Familie Meyer täglich ausgeben, wenn der Urlaub …

a) 7 Tage
b) 10 Tage
c) 16 Tage dauert?

Aufgabe 2

Ein Flugzeug benötigt für 6 000 km 8 Stunden und 30 Minuten.

a) Welche Zeit benötigt das Flugzeug bei gleicher Geschwindigkeit für 10 000 km?

b) Wie viele Kilometer legt es in 3 Stunden ($12\frac{1}{4}$ Stunden) zurück?

Aufgabe 3

Erik, Marco und Michael planen eine Fahrradtour. Wenn sie täglich 45 Kilometer fahren, sind sie in 7 Tagen am Ziel.

a) Wie viele Kilometer müssten sie täglich fahren, um schon nach 5 Tagen am Ziel zu sein?

b) Am ersten Tag schaffen sie nur 27 Kilometer. Wie viele Kilometer müssen sie nun täglich zurücklegen, um nach weiteren 6 Tagen am Ziel zu sein?

Aufgabe 4

Entscheide jeweils, ob es sich um eine proportionale Zuordnung, eine antiproportionale Zuordnung oder um keines von beidem handelt. Ergänze anschließend.

a)

24	30	36
42		28

b)

9		13
4,5	5,5	6,5

c)

10	40	30
30		10,5

d)

36		15
9	15	27

e)

4	6	60
	20	2

f)

12	36	108
500	1 500	

Aufgabe 5

Ein Großauftrag in der Konservenfabrik kann durch 25 Maschinen in 32 Tagen bearbeitet werden. Nach 16 Tagen fallen allerdings fünf Maschinen aus. Wie lange dauert es jetzt, bis der Auftrag bearbeitet ist?

Prozent- und Zinsrechnung

Grundbegriffe der Prozentrechnung

Grundwert (G): Hiermit ist das Ganze gemeint
Prozentsatz (p%): Prozentualer Anteil am Grundwert
Prozentwert (Pw): Größe des prozentualen Anteils

Beispiel
20 % von 240 € sind 48 €.
Dann ist 240 der Grundwert (G).
Dann ist 20 der Prozentsatz (p%).
Dann ist 48 der Prozentwert (P_w).

Grundaufgaben der Prozentrechnung

$P_w = \frac{G \cdot p}{100}$

Bsp.: $G = 650$ €; $p\% = 7$: $P_w = \frac{650\text{ €} \cdot 7}{100} = 45{,}50$ €

$G = \frac{P_w \cdot 100}{p}$

Bsp.: $P_w = 14$ m; $p\% = 26$: $G = \frac{14\text{ m} \cdot 100}{26} = 53{,}85$ m

$p = \frac{P_w \cdot 100}{G}$

Bsp.: $G = 640$ m; $P_w = 20$ m: $p\% = \frac{20\text{ €} \cdot 100}{640} = 3{,}125$

Aufgabe 1

Berechne die fehlende Größe.
a) $G = 38$ cm; $p\% = 6$
b) $P_w = 24$ €; $p\% = 85{,}5$
c) $P_w = 28{,}12\text{ m}^2$; $G = 74\text{ m}^2$

Grundbegriffe der Zinsrechnung

Die Zinsrechnung ist eine Anwendung der Prozentrechnung.
Kapital (K): Hiermit ist das Ganze gemeint
Zinssatz (p%): Bruchteil des Ganzen
Zinsen (Z): Größe des Bruchteils

Beispiel
Auf 500 € Kapital erhält man bei einem Zinssatz von 2 % in einem Jahr 10 € Zinsen.

Grundaufgaben der Zinsrechnung

$Z = \frac{K \cdot p}{100}$

Bsp.: $K = 4\,000$ €; $p\% = 5$: $Z = \frac{4\,000\text{ €} \cdot 5}{100} = 200$ €

$K = \frac{Z \cdot 100}{p}$

Bsp.: $Z = 360$ €; $p\% = 3$: $K = \frac{360\text{ €} \cdot 100}{3} = 12\,000$ €

$p = \frac{Z \cdot 100}{K}$

Bsp.: $K = 28{,}36$ €; $Z = 2{,}30$ €: $p\% = \frac{2{,}30\text{ €} \cdot 100}{28{,}36\text{ €}} = 8{,}11$

Aufgabe2

Berechne die fehlende Größe.
a) $K = 8\,000$ €; $p\% = 7$
b) $Z = 458{,}28$ €; $p\% = 1{,}5$
c) $K = 89\,470$ €; $Z = 2587$ €

Zinsberechnung für Bruchteile eines Jahres

Zinsen richten sich nach der Zeitdauer. Sind Zinsen für den Bruchteil eines Jahres zu berechnen, kommt noch der Zeitfaktor i dazu: $Z = \frac{K \cdot i \cdot p}{100}$

Dabei kann i wie folgt angegeben werden:

in Tagen:
$i = \frac{\text{Anzahl Tage } (t)}{360}$ $\quad Z = \frac{K \cdot t \cdot p}{100 \cdot 360}$
in Monaten:
$i = \frac{\text{Anzahl Monate } (m)}{12}$ $\quad Z = \frac{K \cdot m \cdot p}{100 \cdot 12}$

Beispiel
$K = 14\,000$ €; $p\% = 6$; $i = 5$ Monate:
$Z = \frac{14\,000\text{ €} \cdot 5 \cdot 6}{100 \cdot 12}$

Aufgabe 3

Berechne die Zinsen (Z).
a) $K = 580$ €; $p\% = 2{,}5$; Dauer: 7 Monate
b) $K = 45\,000$ €; $p\% = 6{,}9$; Dauer: 146 Tage

Zinseszinsen

Werden Zinsen nicht vom Konto abgehoben, so werden sie im nächsten Jahr mitverzinst. Diese „Zinsen auf die Zinsen" nennt man Zinseszinsen. Das Kapital nach n-Jahren (K_n) lässt sich nach folgender Formel berechnen:

$K_n = K \cdot \left(1 + \frac{p}{100}\right)^n$

Beispiel
$K = 4\,700$ €; $p\% = 3$; $n = 4$ Jahre:
$K_4 = 4\,700\text{ €} \cdot \left(1 + \frac{3}{100}\right)^4 = 5\,289{,}89$ €

Aufgabe 4

Berechne das Kapital nach n Jahren (K_n).
a) $K = 350$ €; $p\% = 5$; $n = 7$ Jahre
b) $K = 50\,000$ €; $p\% = 6{,}2$; $n = 6$ Jahre

Grundlagen

Bist du fit? Teste dein Wissen!

Aufgabe 1

Berechne fehlende Werte.
a) $G = 1\,258$ g; $p\% = 6$
b) $p\% = 74$; $P_w = 250$ m
c) $G = 25\,796$ €; $P_w = 5\,009$ €
d) $K = 2\,900$ €; $p\% = 5$; $i = 1$ Jahr
e) $K = 47\,000$ €; $Z = 600$ €; $n = 1$ Jahr
f) $K = 14\,000$ €; $p\% = 9$; $n = 3$ Jahre
g) $K = 6\,200$ €; $p\% = 4{,}3$; $i = 8$ Monate
h) $K = 29\,000$ €; $Z = 650$ €; $i = 160$ Tage

Aufgabe 2

Ein Bremsscheibensatz kostet netto 250 €. Berechne den Bruttopreis (19 % MwSt).

Aufgabe 3

Das Klassenkonto der 9a hat 80 € Jahreszinsen erhalten. Wie viel Euro waren zu Beginn des Jahres auf dem Konto, wenn der Zinssatz bei 2,6 % liegt und die Klasse während des Jahres weder Geld abgehoben noch eingezahlt hat?

Aufgabe 4

Bei welcher Bank ist der Zinssatz günstiger?
Bank A: Sie leihen sich 12 460 € und zahlen nach einem Jahr 13 145,30 € zurück.
Bank B: Sie bekommen 14 250 € und zahlen nach einem Jahr 14 991 € zurück.

Aufgabe 5

Herr Grasshof legt 8 000 € für 7 Jahre mit einem Zinssatz von 4 % fest an. Wie viel Euro erhält er nach sieben Jahren von der Bank zurück?

Aufgabe 6

Der Preis einer Winterjacke wird im Schlussverkauf von 128 € um 32 € reduziert. Wie viel Prozent beträgt der Preisnachlass?

Aufgabe 7

Bei einer Geldanlage von 6 500 € wird vereinbart, dass der Zinssatz im ersten Jahr 3 %, im zweiten Jahr 3,75 % und im dritten Jahr 4,5 % beträgt. Auf wie viel Euro ist das Kapital nach den drei Jahren angewachsen?

Diagramme

Diagramme sind grafische Darstellungen verschiedener (meist zwei) zusammenhängender Messgrößen.
Säulen- und Kreisdiagramme sind die gebräuchlichsten Diagrammtypen.

Säulendiagramm

Säulendiagramme stellen Mengen zu einem bestimmten Zeitpunkt oder von verschiedenen Produkten etc. dar. Sie heben die Rangfolge der Teile hervor. Mit ihnen lassen sich Mengen vergleichen und Entwicklungen aufzeigen.

Kreisdiagramm

Kreisdiagramme richten das Augenmerk stärker darauf, wie ein Ganzes durch seine Teile aufgeteilt wird. Die Anteile vom Ganzen werden dadurch deutlich und können verglichen werden.

Beispiel I

Torschützen des 1. FC Wohnbach

Name	Anzahl Tore
S. Müller	27
A. Altvatter	15
M. Körner	5
E. Dinges	3

Wer hat die meisten Tore in der Saison geschossen?

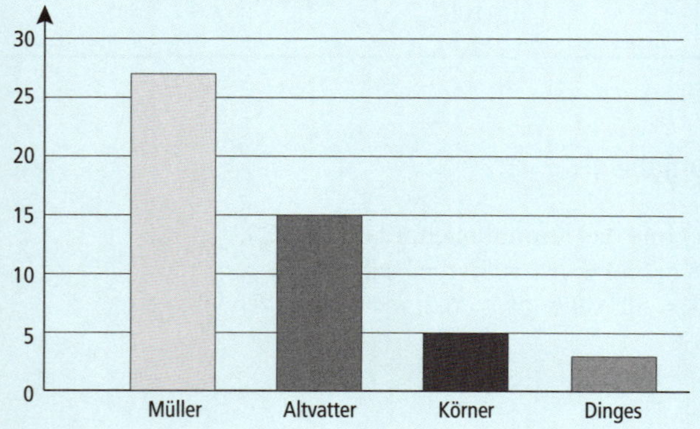

Wie viele Tore wurden insgesamt geschossen und wer hatte den größten Anteil daran?

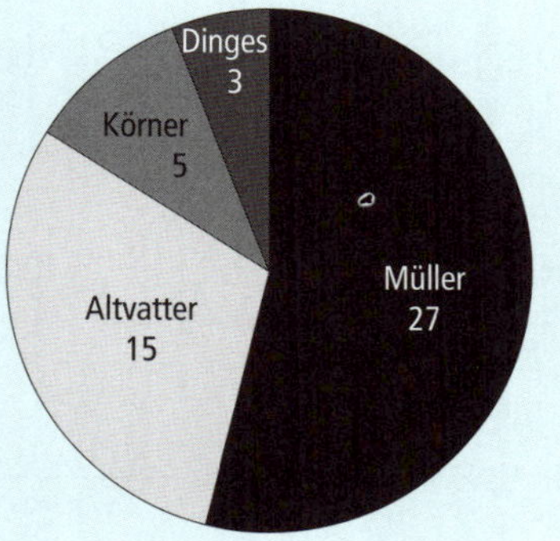

Beispiel II
Anzahl der Ferientage in Deutschland, Frankreich und Großbritannien

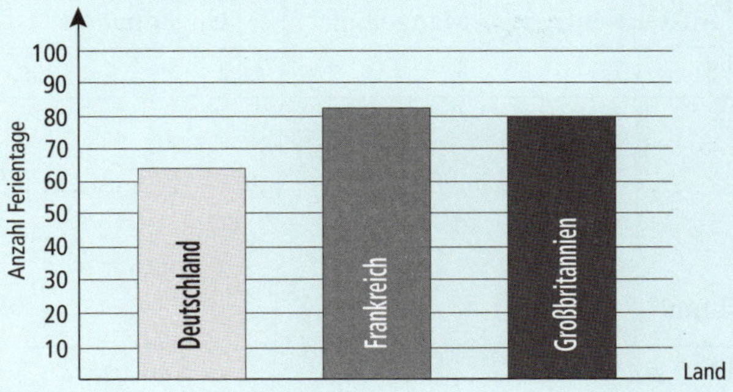

Beispiel III
Stimmverteilung bei den Wahlen des Gemeindeparlaments in Hungen

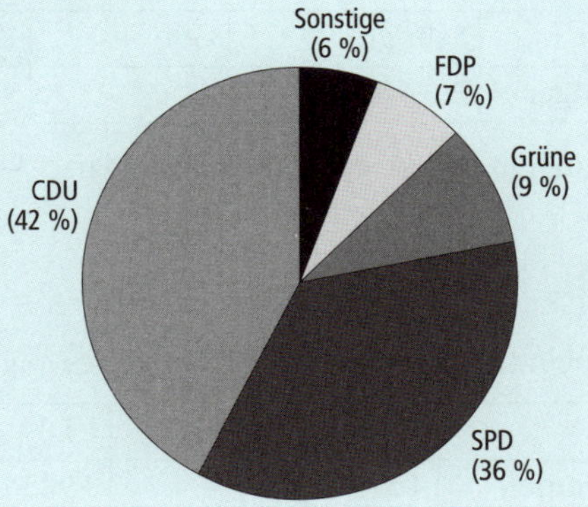

Winkelberechnung für einzelne Anteile im Kreisdiagramm

$$\text{Winkel des Anteils} = \frac{360° \cdot \text{Anteil}}{\text{Ganzes}}$$

Beispiel
Tore insgesamt: 50
Tore S. Müller: 27

$$\text{Winkel S. Müller} = \frac{360° \cdot 27}{50} = 194{,}4°$$

Prozent insgesamt: 100
Prozent CDU= 42

$$\text{Winkel CDU} = \frac{360° \cdot 42}{100} = 151{,}2°$$

Aufgabe 1

Die monatlichen Ausgaben der Familie Schneider sind durchschnittlich wie folgt aufgeteilt:

Posten	Miete	Lebensmittel	Kleidung	Auto	Versicherungen	Sonstiges
Anteil in %	42 %	25 %	8 %	9 %	5 %	11 %

Zeichne ein Kreisdiagramm.

Aufgabe 2

Die einzelnen Firmen konnten im letzten Jahr folgende Gewinne verzeichnen:

Firmenname	Schneider	Klaiber	Schmidt	Hofmann
Gewinne in Mill.	128	88	150	55

Zeichne ein Säulendiagramm.

Bist du fit? Teste dein Wissen!

Aufgabe 1

Die Tabelle zeigt die Anteile der Kontinente am gesamten Festland an. Stelle die Daten in einem Kreisdiagramm dar.

Erdteil	Afrika	Amerika	Asien	Europa	Australien	Antarktis
Anteil in %	20 %	28 %	30 %	7 %	6 %	9 %

Aufgabe 2

Bei der Klasse 9R gab es bei der letzten Mathearbeit folgenden Notenspiegel:

Note	Sehr gut	Gut	Befriedigend	Ausreichend	Mangelhaft	Ungenügend
Anzahl Schüler	2	6	9	8	3	1

Stelle die Daten in einem Säulendiagramm dar.

Aufgabe 3

Bei der Gemeindewahl in Brosbach 1995 gab es folgende Stimmverteilung:

Partei	SPD	CDU	FDP	FWG	Grüne
Anzahl Stimmen	4 517	3 985	954	1 857	214

Berechne zunächst die einzelnen Prozentsätze für die Parteien, dann die dazugehörigen Winkelmaße und zeichne das Kreisdiagramm.

Winkel

Winkel an sich schneidenden Geraden

Nebenwinkel
Die Winkel α_1 und α_2 bezeichnet man als Nebenwinkel(paar).
Sie ergänzen sich zu 180°: $\alpha_1 + \alpha_2 = 180°$

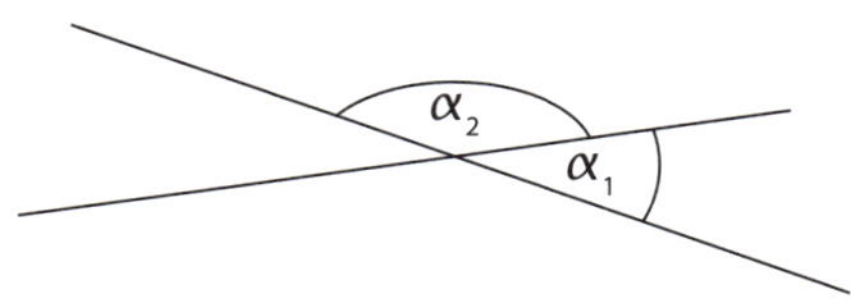

Scheitelwinkel
Die Winkel β_1 und β_2 bezeichnet man als Scheitelwinkel(paar).
Scheitelwinkel sind gleich groß: $\beta_1 = \beta_2$

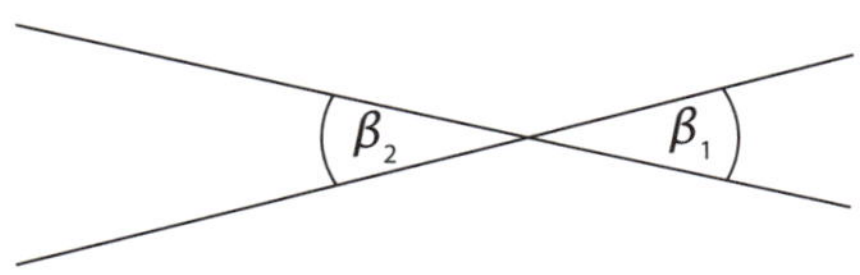

Aufgabe 1

Berechne die fehlenden Winkel.
a) $\beta = 85°$ b) $\alpha = 17°$ c) $\delta = 104°$ d) $\gamma = 56°$

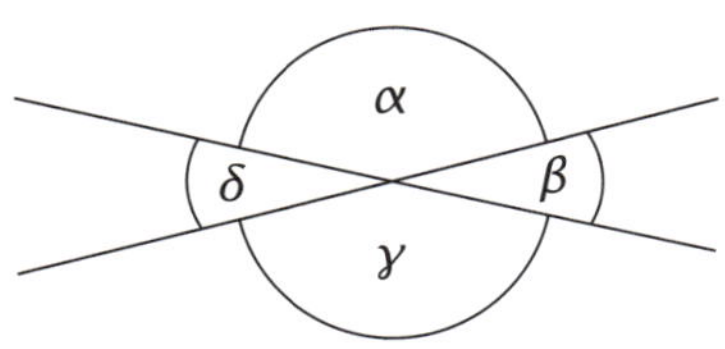

Stufenwinkel
Die Winkel γ_1 und γ_2 bezeichnet man als Stufenwinkel(paar).
Insgesamt gibt es vier verschiedene Stufenwinkelpaare, hier:
α_1/α_2, β_1/β_2, γ_1/γ_2, δ_1/δ_2.
Stufenwinkel sind gleich groß, d. h. $\gamma_1 = \gamma_2$.

Wechselwinkel
Die Winkel δ_1 und β_2 bezeichnet man als Wechselwinkel(paar). Insgesamt gibt es vier verschiedene Wechselwinkelpaare, hier: α_1/γ_2, β_1/δ_2, γ_1/α_2, δ_1/β_2.
Wechselwinkel sind gleich groß, d. h. $\delta_1 = \beta_2$.

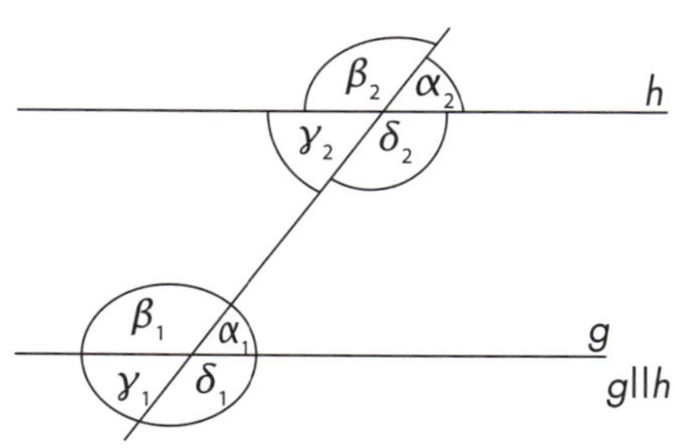

Aufgabe 2

Berechne alle Winkel der doppelten Geradenkreuzung.
a) $\alpha_1 = 48°$ b) $\beta_2 = 70°$ c) $\gamma_1 = 105°$ d) $\delta_2 = 143°$

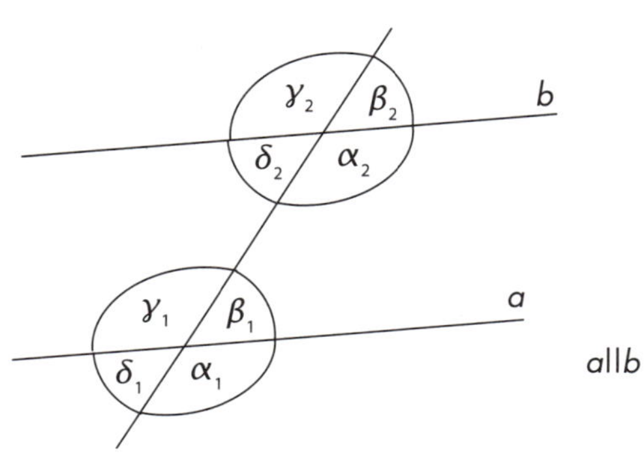

Winkelsumme S_n im n-Eck

In einem n-Eck gilt:
$S_n = \alpha_1 + \alpha_2 + \alpha_3 + \ldots + \alpha_n = (n-2) \cdot 180°$
n = Anzahl der Ecken der jeweiligen Figur

Beispiel
Winkelsumme S_n im Dreieck; $n = 3$
$S_3 = (3-2) \cdot 180° = 1 \cdot 180° = 180°$

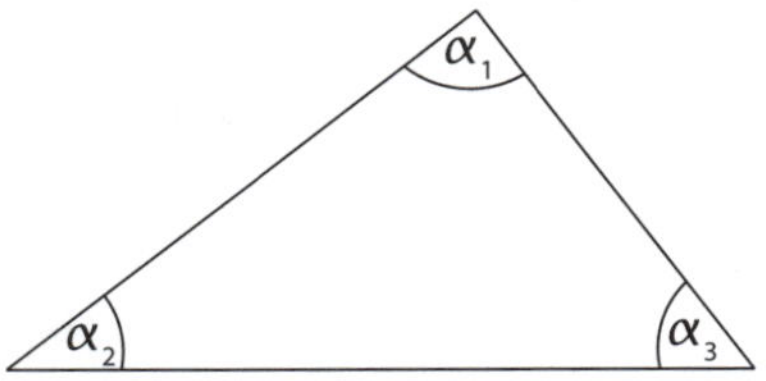

Aufgabe 3

Bestimme die Winkelsumme eines
a) Vierecks. b) Fünfecks. c) Achtecks.

Bist du fit? Teste dein Wissen!

Aufgabe 1

Berechne die fehlenden Winkel.
a) $\alpha = 66°$; $\varepsilon = 100°$
b) $\gamma = 140°$; $\beta = 32°$
c) $\varepsilon = 117°$; $\delta = 50°$

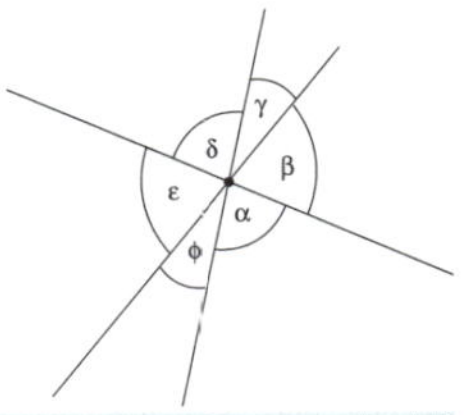

Aufgabe 2

Sind die Geraden a und b parallel? Überprüfe rechnerisch.

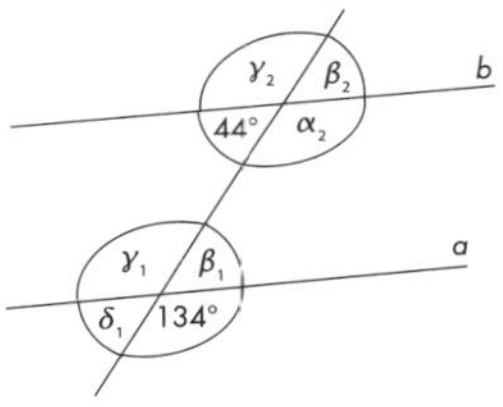

Aufgabe 3

Wie groß sind die Winkel eines gleichseitigen Dreiecks?

Aufgabe 4

Berechne die fehlenden Winkel im Parallelogramm.
a) $\alpha = 42°$
b) $\gamma = 96°$
c) $\beta = 114°$
d) $\delta = 27°$

Konstruieren

Dreieckskonstruktionen

1. Gegeben: SSS
   $c = 5$ cm; $a = 4{,}3$ cm
   und $b = 6$ cm
   Zeichne Strecke c
   Zeichne einen Kreis K_1 um A mit
   $r = 6$ cm
   Zeichne einen Kreis K_2 um B mit
   $r = 4{,}3$ cm
   Der Schnittpunkt von K_1 und K_2 ist C

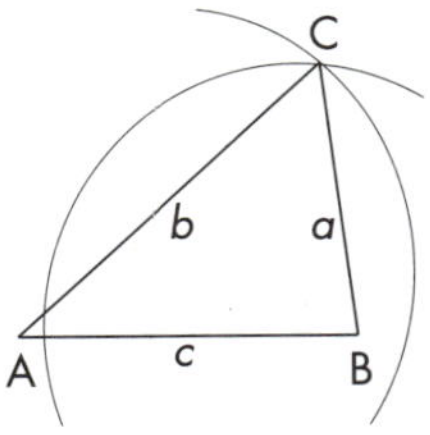

2. Gegeben: SWS
   $b = 4$ cm;
   $\alpha = 80°$; $c = 7$ cm
   Zeichne Strecke c
   Zeichne einen Kreis um A mit
   $r = 4$ cm
   Zeichne eine Halbgerade an A
   mit $\alpha = 80°$
   Der Schnittpunkt der Halbgeraden mit dem Kreis ist C

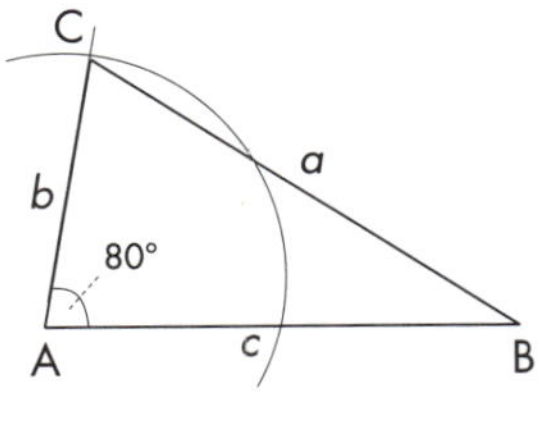

3. Gegeben: WSW
   $a = 5{,}7$ cm; $\gamma = 40°$;
   $\beta = 75°$
   Zeichne Strecke a
   Zeichne eine Halbgerade an C
   mit $\gamma = 40°$
   Zeichne eine Halbgerade an B
   mit $\beta = 75°$
   Der Schnittpunkt der beiden Halbgeraden ist A

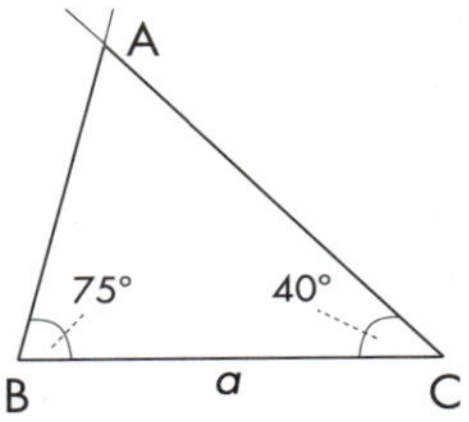

4. Gegeben: SSW
   $c = 5{,}5$ cm; $b = 6$ cm;
   $\beta = 42°$
   Zeichne Strecke c
   Zeichne einen Kreis um A mit
   $r = 5{,}5$ cm
   Zeichne eine Halbgerade an B
   mit $\beta = 42°$
   Der Schnittpunkt der Halbgeraden mit dem Kreis ist C
   Hinweis: Ein Dreieck lässt sich nach SSW nur dann eindeutig konstruieren, wenn der Winkel gegeben ist, welcher der größeren Seite gegenüberliegt.

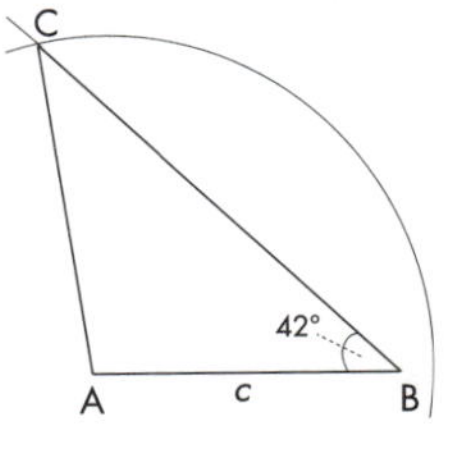

Aufgabe 1

Konstruiere folgende Dreiecke.
a) $a = 4$ cm; $b = 5{,}2$ cm; $c = 6{,}4$ cm
b) $a = 31$ mm; $b = 42$ mm; $\gamma = 62°$
c) $c = 4{,}6$ cm; $a = 7{,}8$ cm; $\gamma = 75°$
d) $a = 878$ mm ; $\beta = 60°$; $\gamma = 70°$

Aufgabe 2

Die Entfernung zwischen zwei Punkten D und E beträgt 6 km. Von D aus sieht man den Punkt E und einen dritten Punkt F unter einem Winkel von 49°. Von E aus sieht man D und F unter einem Winkel von 32°. Fertige eine Skizze an und konstruiere das Dreieck. Wie weit ist der Punkt F von D und E entfernt? Miss nach.

Besondere Punkte und Linien im Dreieck

(1) Mittelsenkrechten und Umkreis
Die Mittelsenkrechte steht senkrecht auf der Seite und halbiert diese.
Dabei ist z. B. m_c die zugehörige Mittelsenkrechte zur Seite c.
In jedem Dreieck schneiden sich die Mittelsenkrechten in einem Punkt S.
Dies ist gleichzeitig auch Mittelpunkt des Umkreises.

(2) Winkelhalbierende und Inkreis
Die Winkelhalbierende halbiert den jeweiligen Winkel.
Dabei ist z. B. w_β die zugehörige Winkelhalbierende zum Winkel β. In jedem Dreieck schneiden sich die Winkelhalbierenden in einem Punkt S.
Dies ist gleichzeitig auch Mittelpunkt des Inkreises.

(3) Seitenhalbierende
Die Verbindungsstrecke von einem Eckpunkt zum Mittelpunkt der gegenüberliegenden Seite heißt Seitenhalbierende.
Dabei ist z. B. s_a die Seitenhalbierende zur Seite a.
Die Seitenhalbierenden in jedem Dreieck schneiden sich in einem Punkt S, dem **Schwerpunkt** des Dreiecks.

(4) Höhenlinien
Das Lot bzw. die Senkrechte von einem Eckpunkt zur gegenüberliegenden Seite wird als Höhe bezeichnet. Dabei ist z. B. h_c die Höhe zur Seite c.
In jedem Dreieck schneiden sich die drei Höhen in einem Punkt S, dem **Höhenschnittpunkt**.

(1)
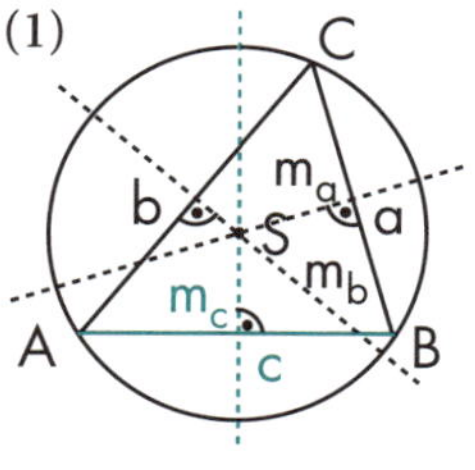

(2)
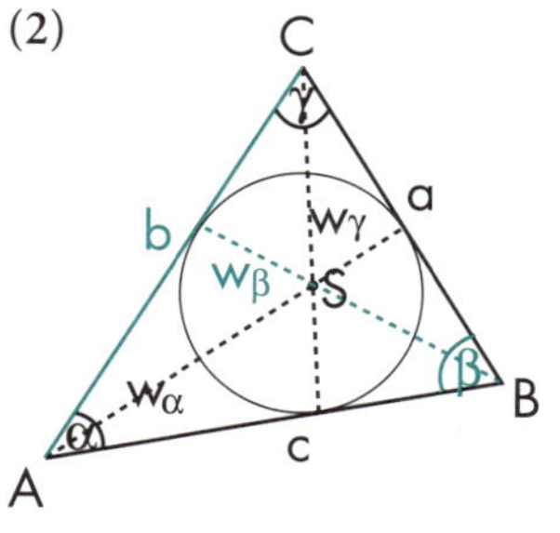

(3)
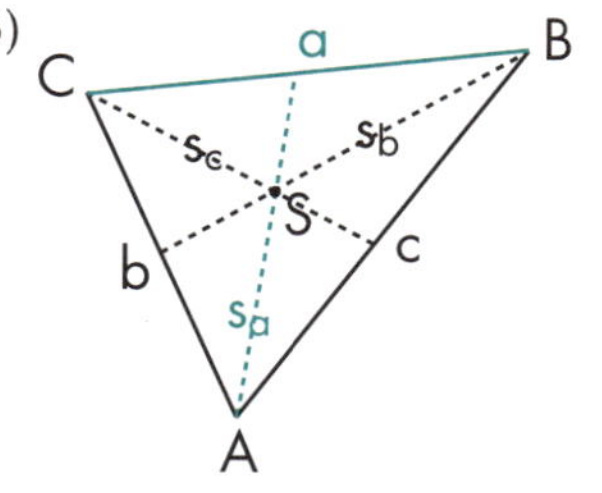

(4)
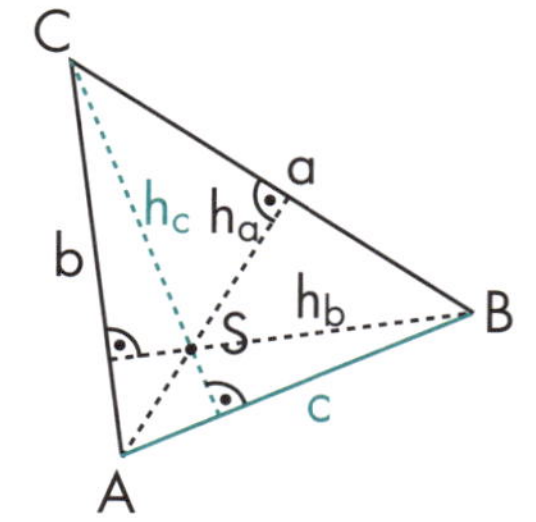

Aufgabe 3

Konstruiere die Dreiecke und zeichne den Umkreis und den Inkreis.
a) $a = 7$ cm; $b = 6{,}5$ cm; $c = 4{,}9$ cm
b) $c = 3{,}5$ cm; $\beta = 65°$; $a = 4{,}6$ cm

Aufgabe 4

Konstruiere die Dreiecke und zeichne die Seitenhalbierenden und die Höhenlinien ein.
a) $\gamma = 72°$; $a = 5{,}8$ cm; $\beta = 29°$
b) $b = 7{,}2$ cm; $c = 5{,}7$ cm; $\beta = 46°$

Bist du fit? Teste dein Wissen!

Aufgabe 1

Die Orte A, B und C wollen gemeinsam ein Schwimmbad bauen, das von allen drei Ortschaften den gleichen Abstand hat. Fertige eine Zeichnung an und bestimme den Standort des Schwimmbads.
$|AB| = 4{,}6$ km; $|AC| = 5{,}8$ km; $|BC| = 3{,}6$ km (1 km ≙ 1 cm)

Aufgabe 2

Wann liegt der Schnittpunkt der Mittelsenkrechten …
a) außerhalb des Dreiecks?
b) genau auf einer Seite des Dreiecks?

Aufgabe 3

Konstruiere folgende Dreiecke:
a) gleichschenkliges Dreieck mit der Basis $a = 5$ cm; Basiswinkel $\alpha = 40°$
b) gleichseitiges Dreieck mit $a = 7$ cm
c) Dreieck mit $c = 6$ cm; $a = 5$ cm; Umkreisradius $r = 3{,}5$ cm
d) Dreieck mit $b = 8{,}8$ cm; $a = 6{,}1$ cm; $h_b = 4{,}1$ cm

Aufgabe 4

In einer Höhe von 12,40 m wird eine Leiter an ein Hochhaus gelehnt. Der Abstand des Leiterfußes zum Haus beträgt 2,80 m. Fertige eine Planfigur an und bestimme die Länge der Leiter.

Flächeninhalt und Umfang

Dreieck

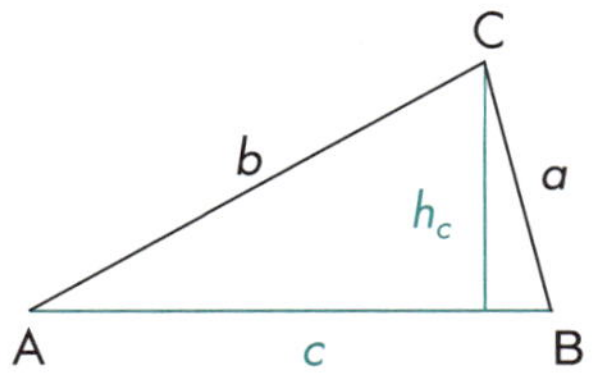

$A = \frac{g \cdot h}{2}$ $U = a + b + c$

Beispiel
a = 3,5 cm; b = 4,7 cm; c (g) = 6,4 cm; h_c = 2,5 cm
$A = \frac{6{,}4\text{ cm} \cdot 2{,}5\text{ cm}}{2} = 8\text{ cm}^2$
U = 3,5 cm + 4,7 cm + 6,4 cm = 14,6 cm

Aufgabe 1

Berechne jeweils den Flächeninhalt und den Umfang des Dreiecks.
a) a = 9 cm; b = 7 cm; c = 4 cm; h_a = 3 cm
b) a = 2,2 dm; b = 7,4 dm; c = 6 dm; h_b = 1,2 dm

Rechteck

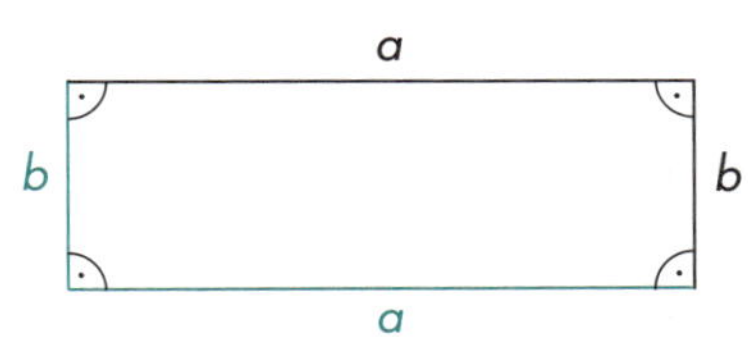

$A = a \cdot b$ $U = 2 \cdot a + 2 \cdot b$

Beispiel
a = 6 cm; b = 5 cm
A = 6 cm · 5 cm = 30 cm²
U = 2 · 6 cm + 2 · 5 cm = 22 cm

Aufgabe 2

Berechne jeweils den Flächeninhalt und den Umfang des Rechtecks.
a) a = 19 cm; b = 18 cm
b) a = 5,2 dm; b = 4,8 dm

Quadrat

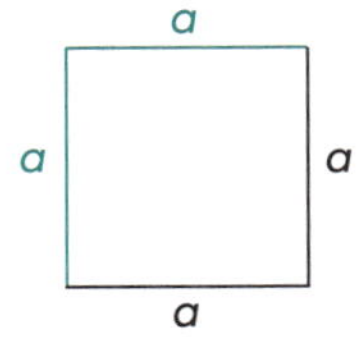

$A = a \cdot a = a^2$ $U = 4 \cdot a$

Beispiel
a = 7 mm
A = 7 mm · 7 mm = $(7\text{ mm})^2$ = 49 mm²
U = 4 · 7 mm = 28 mm

Aufgabe 3

Berechne jeweils den Flächeninhalt und den Umfang des Quadrats.
a) a = 1,5 cm b) a = 2,5 dm

Parallelogramm

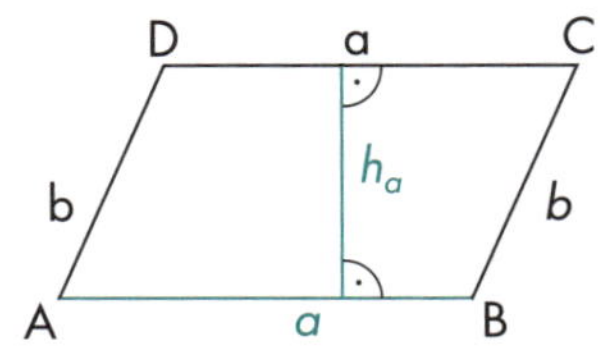

$A = g \cdot h$ $U = 2 \cdot a + 2 \cdot b$

Beispiel
a (g) = 12,4 m; b = 7,5 m; h_a = 6,2 m
A = 12,4 m · 6,2 m = 76,88 m²
U = 2 · 12,4 m + 2 · 7,5 m = 39,8 m

Aufgabe 4

Berechne jeweils den Flächeninhalt und den Umfang des Parallelogramms.
a) a = 8,9 cm; b = 9,8 cm; h_a = 9,2 cm
b) a = 0,5 dm; b = 0,6 dm; h_b = 0,4 dm

Raute

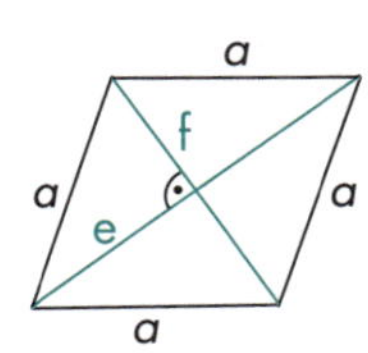

$A = \frac{e \cdot f}{2}$ $U = 4 \cdot a$

Beispiel
a = 4,2 dm; e = 3,8 dm; f = 3,5 dm
$A = \frac{3{,}8\text{ dm} \cdot 3{,}5\text{ dm}}{2} = 6{,}65\text{ dm}^2$
U = 4 · 4,2 dm = 16,8 dm

Aufgabe 5

Berechne jeweils den Flächeninhalt der Raute.
a) e = 1,2 cm; f = 0,5 cm b) e = 4,73 dm; f = 2,27 dm

Trapez (a || c)

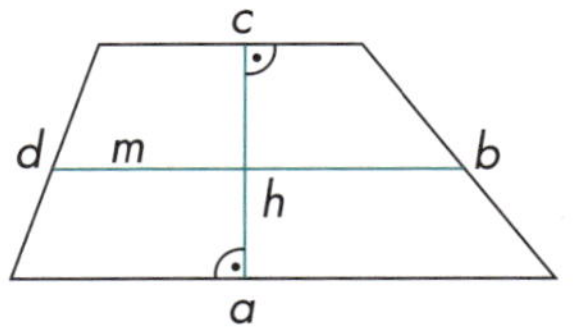

$A = \frac{a+c}{2} \cdot h \qquad U = a + b + c + d$

Beispiel
$a = 4$ cm; $b = 2$ cm; $c = 3$ cm; $d = 2{,}5$ cm; $h = 1{,}8$ cm
$A = \frac{4\text{ cm} + 3\text{ cm}}{2} \cdot 1{,}8\text{ cm} = 6{,}3\text{ cm}^2$
$U = 4\text{ cm} + 2\text{ cm} + 3\text{ cm} + 2{,}5\text{ cm} = 11{,}5\text{ cm}$

Aufgabe 6

Berechne jeweils den Flächeninhalt des Trapezes.
a) $a = 16$ cm; $c = 14$ cm; $h = 10$ cm
b) $a = 3{,}5$ dm; $c = 5{,}5$ dm; $h = 2{,}6$ dm

Drachenviereck

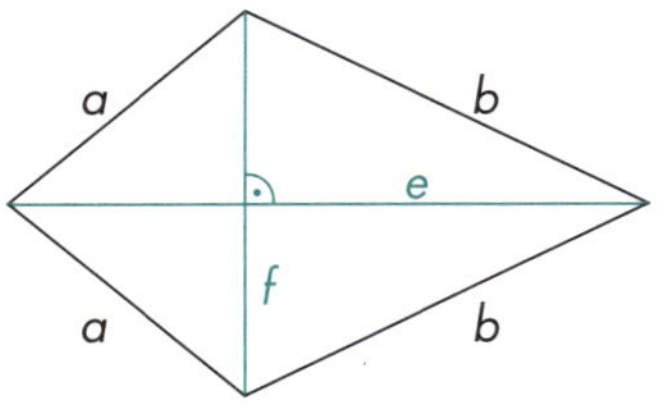

$A = \frac{e \cdot f}{2} \qquad U = 2 \cdot a + 2 \cdot b$

Beispiel
$a = 40$ cm; $b = 20$ cm; $e = 30$ cm; $f = 50$ cm
$A = \frac{30\text{ cm} \cdot 50\text{ cm}}{2} = 750\text{ cm}^2$
$U = 2 \cdot 40\text{ cm} + 2 \cdot 20\text{ cm} = 2\,(40 + 20) = 120\text{ cm}$

Aufgabe 7

Berechne jeweils den Flächeninhalt des Drachenvierecks.
a) $e = 14$ cm; $f = 10$ cm b) $e = 5{,}5$ dm; $f = 2{,}6$ dm

Bist du fit? Teste dein Wissen!

Aufgabe 1

Ein Turmdach besteht aus vier deckungsgleichen gleichschenkligen Dreiecken, deren Grundseiten je 4,25 m und deren Höhen je 8,50 m betragen. Wie groß ist die Dachfläche?

Aufgabe 2

Berechne den Flächeninhalt der Figur.

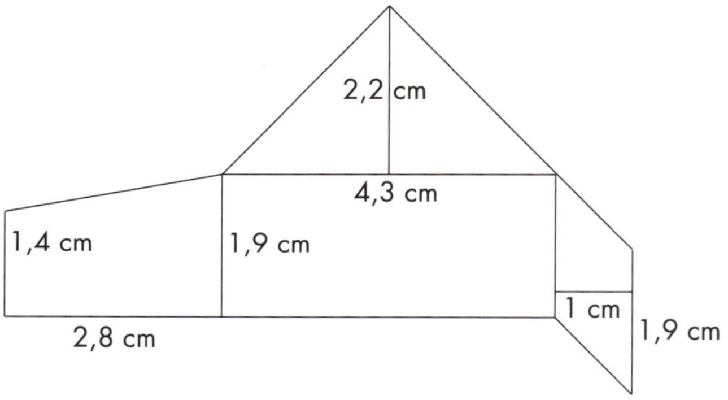

Aufgabe 3

Die Punkte B (2; –3), C (4; 2), D (2; 3,5) eines Drachenvierecks sind gegeben. (1 Einheit = 1 cm)
a) Trage die Punkte in ein Koordinatensystem ein und bestimme die Koordinaten von A.
b) Berechne anschließend Flächeninhalt und Umfang des Drachens.
Tipp: Nutze bei der Umfangsberechnung den Satz des Pythagoras (s. S. 29)!

Aufgabe 4

Landwirt Huber muss für den Bau einer Umgehungsstraße Land verkaufen.
a) Wie groß sind die einzelnen Flächenstücke?
b) Wie groß ist die Gesamtfläche?
c) Der Landkreis bezahlt Herrn Huber pro Quadratmeter 32 €. Wie viel Euro bekommt er für die zu verkaufende Fläche II?

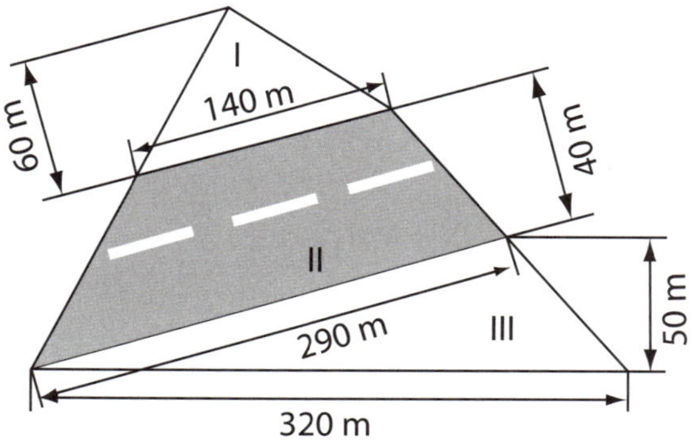

Binomische Formeln

1. $(a + b)^2 = a^2 + 2ab + b^2$

Bsp.: $(3 + x)^2 = 3^2 + 2 \cdot 3 \cdot x + x^2 = 9 + 6x + x^2$

2. $(a - b)^2 = a^2 - 2ab + b^2$

Bsp.: $(2y - 4)^2 = (2y)^2 - 2 \cdot 2y \cdot 4 + 4^2 = 4y^2 - 16y + 16$

3. $(a + b) \cdot (a - b) = a^2 - b^2$

Bsp.: $(2x + 5) \cdot (2x - 5) = (2x)^2 - 5^2 = 4x^2 - 25$

Aufgabe 1

Wende die 1. binomische Formel an.

a) $(4 + r)^2$
b) $(2x + 9)^2$
c) $(4y + 3x)^2$
d) $9x^2 + 12x + 4$

Wende die 2. binomische Formel an.

e) $(5 - x)^2$
f) $(3 - 5h)^2$
g) $(6ky - 3q)^2$
h) $16a^2 - 24ab + 9b^2$

Wende die 3. binomische Formel an.

i) $(b + 3)\,(b - 3)$
j) $(z - t)\,(z + t)$
k) $\left(\frac{1}{4} + \frac{1}{2}x\right)\left(\frac{1}{4} - \frac{1}{2}x\right)$
l) $(5x + 2y)\,(5x - 2y)$

Bist du fit? Teste dein Wissen!

Aufgabe 1

Wende die binomischen Formeln an.

a) $(-a - b) \cdot (-a + b)$
b) $(\frac{1}{4}t + 5)^2$
c) $(0{,}4x - 0{,}5y)^2$
d) $q^2 + 2qp + p^2$
e) $36 - h^2$
f) $20ab + 100a^2 + b^2$

Aufgabe 2

Ersetze die Platzhalter, sodass Binome entstehen.

a) $(x + \square)^2 = x^2 + 6x + \bigcirc$
b) $(x + \square)^2 = \triangle + 8x + \bigcirc$
c) $(\bigtriangledown + 17a)^2 = b^2 + \diamond + \bigcirc$
d) $(\triangle - \bigcirc)\,(\triangle + \bigcirc) = 4z^2 - 81$
e) $(\bigtriangledown - 3l)^2 = \triangle - 15azl + \bigcirc$
f) $(\triangle - \bigcirc)\,(15a + \bigcirc) = \square - 49b^2$

Lineare Gleichungen und Ungleichungen

Lineare Gleichungen lösen

Allgemein

1. Bei einer Gleichung stehen rechts und links neben dem Gleichheitszeichen Terme.
2. Gleichungen werden gelöst, indem man die Variable isoliert, sodass sie auf einer Seite der Gleichung allein steht.
3. Um dies zu erreichen werden Gleichungen äquivalent umgeformt: Auf beiden Seiten der Gleichungen müssen immer die gleichen Umformungen gemacht werden. Die Gleichung muss im Gleichgewicht bleiben. Daher kann man sie auch mit einer Waage vergleichen.

Beispiel:

$x + 3 = 5 \quad | -3$

$x + 3 - 3 = 5 - 3$

$x = 2$

Umformungsregeln

1. Man darf **auf beiden Seiten** der Gleichung **dieselbe Zahl addieren oder subtrahieren.**
2. Man darf **auf beiden Seiten** der Gleichung **dieselbe Zahl multiplizieren oder dividieren.**

Beispiel

$$x - 7 = 9 \quad | +7$$
$$x - 7 + 7 = 9 + 7 \quad | \mathrm{T}$$
$$x = 16$$

$$7x = 84 \quad | :7$$
$$\frac{7x}{7} = \frac{84}{7} \quad | \mathrm{T}$$
$$x = 12$$

$$\frac{a}{5} = 20 \quad | \cdot 5$$
$$\frac{a}{5} \cdot 5 = 20 \cdot 5 \quad | \mathrm{T}$$
$$a = 100$$

Aufgabe 1

Löse die Gleichungen.

a) $y - 6 = -9$
b) $102 = 6b$
c) $\frac{3}{4} = m - \frac{1}{2}$
d) $26 = -6{,}5x$
e) $3x + 4 = 19$
f) $23 + 2y = -9$
g) $115 + \frac{y}{6} = 138$
h) $\frac{156}{q} + 21 = 34$

Klammern

Sind zunächst Klammern in der Gleichung enthalten, werden diese nach den bekannten Regeln aufgelöst:
- Auflösen einer Klammer in einem Produkt: $x \cdot (y + z) = x \cdot y + x \cdot z$
- Auflösen von zwei Klammern in einem Produkt: $(a + b) \cdot (c + d) = ac + ad + bc + bd$

Denke auch an die binomischen Formeln (s. S. 15)!
Sollte eine Gleichung 2. Grades vorliegen (x^2oder a^2...), so wird dieses Glied in der Regel durch entsprechende Umformung beseitigt.

Beispiel

$$\begin{array}{rcl|l} 5(x+2) &=& 3x+5-8x+95 & \text{T; A} \\ 5x+10 &=& -5x+100 & +5x \\ 10x+10 &=& 100 & -10 \\ 10x &=& 90 & :10 \\ x &=& 9 & \end{array}$$

$$\begin{array}{rcl|l} (a+7)(a-4) &=& a^2+2 & \text{A} \\ a^2-4a+7a-28 &=& a^2+2 & \text{T} \\ a^2+3a-28 &=& a^2+2 & -a^2 \\ 3a-28 &=& 2 & +28 \\ 3a &=& 30 & :3 \\ a &=& 10 & \end{array}$$

Aufgabe 2

Löse die Gleichungen.

a) $5a + 4 = 4a + 6$
b) $6b + 1 - 2b = 2b + 17$
c) $5{,}1a - 0{,}9a + 37 = -8 + 2{,}7a$
d) $(7 + a)(a - 5) = a^2 + 7$
e) $(b - 4)(b - 3) = 5b + b^2$
f) $(3 + m)^2 = m^2 + 69$
g) $(15 + q - 7)(4 + q) = q^2 + 50$
h) $(f - 6)^2 = f^2$
i) $(a + 1)^2 = (a - 2)(a + 7)$
j) $3(x + 2) = 18$
k) $5(x - 2) = 50$
l) $3(x + 4) = 2(x - 2) + 10$

Ungleichungen lösen

Es gelten die gleichen Umformungsregeln wie bei Gleichungen (s. o.).
Ausnahme: Wird bei einer Umformung mit einer **negativen Zahl multipliziert oder dividiert**, dreht sich das Ungleichheitszeichen um.

Beispiel

$$\begin{array}{rcl|l} 6(7-2a)+2 &>& 5(6-4a)+46 & \text{A} \\ 42-12a+2 &>& 30-20a+46 & \text{T} \\ 44-12a &>& 76-20a & -76; +12a \\ -32 &>& -8a & :(-8) \\ 4 &<& a & \end{array}$$

Aufgabe 3

Bestimme die Lösungsmenge der Ungleichungen.

a) $7x - 3x + 8 < 36$
b) $12j - 8 + 38j > 27$
c) $99 + a > 24 - 14a$
d) $7(d - 2) + 3 < 24$

Bist du fit? Teste dein Wissen!

Aufgabe 1

Stelle eine Gleichung auf und berechne:
In einem gleichschenkligen Dreieck ist die Basis halb so lang wie die beiden Schenkel. Wie groß ist die Basis, wenn der Umfang des Dreiecks 105,5 cm beträgt?

Aufgabe 2

Bestimme die Lösungsmenge.

a) $4 \cdot (4 + f) = 24$
b) $6 \cdot (w - 4) = 78$
c) $4m + 2 - \frac{6m}{3} = 7 + 3$
d) $5 \cdot (3 + a) = 18 + 32$
e) $2 \cdot (3e + 4) = 3 \cdot (e + 5)$
f) $6 \cdot (6 + x) + 3x = 2x + 5 \cdot (4 + x)$

Aufgabe 3

Ein Quader hat eine quadratische Grundfläche mit $a = 17$ cm.
Wie hoch darf der Quader höchsten sein, wenn ein Volumen von 10 259,50 cm^3 nicht überschritten werden soll?

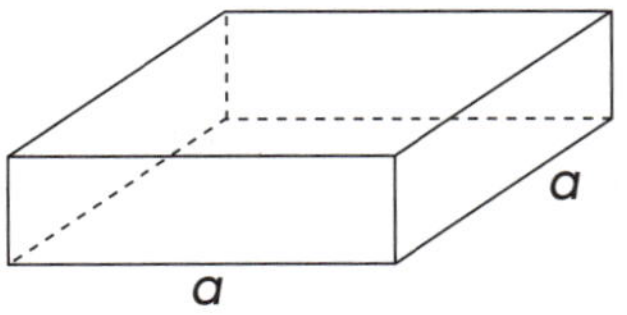

Aufgabe 4

Stelle eine Gleichung auf:
Wenn zum Vierfachen einer Zahl 5 addiert wird und das Ergebnis mit 3 multipliziert wird, erhält man das gleiche Ergebnis, wie wenn man das Zehnfache der Zahl mit dem Fünffachen der Zahl addiert. Wie heißt die Zahl?

Aufgabe 5

Bestimme die Lösungsmenge der Ungleichung.
a) $2x + 6 > 22 - 3x + 19$
b) $24 + 18x + 4 - 2x \leq 14x + 24 + 4x$
c) $x^2 - 2x - 3 < x^2 - 3x - 10$
d) $9a - 12a + 0{,}6 > - 20a - 3{,}8 + 5a - 5{,}2$
e) $6x^2 + x - 12 \geq 6x^2 - 36x + 99$
f) $9(4s - 7) < 2(8s - 5) - 48$

Aufgabe 6

Stelle eine Ungleichung auf und bestimme die Lösungsmenge.
a) Wenn man zum Sechsfachen einer Zahl 12 addiert, erhält man mehr als Null.
b) Wenn man von 7,2 die Hälfte einer Zahl abzieht, erhält man weniger als 3,2.

Lineare Funktionen

Allgemeine Informationen

Eine Funktion kann durch eine Funktionsgleichung angegeben werden, z. B.: $y = 4x$.
Jedem x wird dabei eindeutig ein y (Funktionswert) zugeordnet.
Die zusammengehörenden x-y-Paare können in einer Wertetabelle dargestellt werden.

Beispiel
Umfang (y) eines Quadrates in Abhängigkeit von der Seite a (x): $y = 4x$

a (x)	U (y)
0 cm	0 cm
0,5 cm	2 cm
1 cm	4 cm
1,5 cm	6 cm
2 cm	8 cm

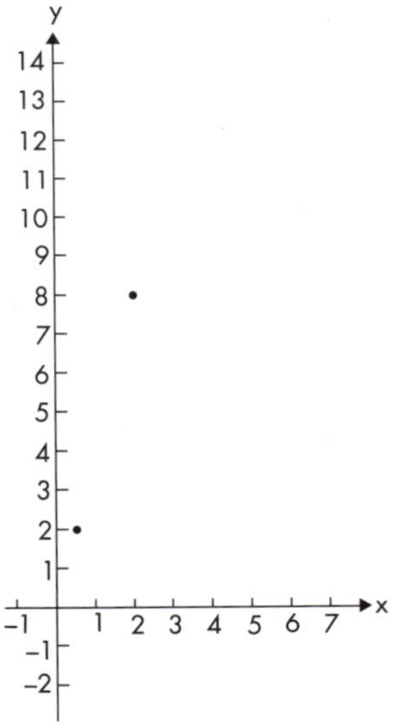

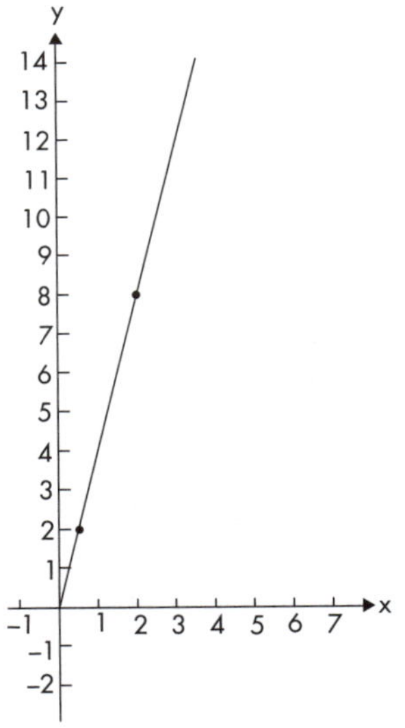

Funktionsgraph

Die oben aufgeführte Wertetabelle kann auch in einem Funktionsgraphen dargestellt werden. Dazu werden zwei beliebige Punkte aus der Tabelle in ein Koordinatensystem eingezeichnet (s. linker Graph) und mit dem Lineal verbunden (s. rechter Graph).

Aufgabe 1

Erstelle eine Wertetabelle und zeichne den Funktionsgraphen.
a) $y = 2x$ b) $y = 4x + 1$ c) $y = -x + 0{,}5$ d) $y = \frac{x}{2} - 2$

Aufgabe 2

Überprüfe zeichnerisch, ob folgende Punkte auf dem Funktionsgraphen zu $y = -2x + 3$ liegen:
P_1 (0; 3); P_2 (1; 5); P_3 (3; –3); P_4 (10; 23)

Grundlagen

Steigung *m* und Achsenabschnitt *b*

Eine lineare Gleichung hat die allgemeine Form $y = mx + b$. Dabei gibt der Achsenabschnitt b den Schnittpunkt B (0; b) der Funktionsgeraden mit der y-Achse an. In der Abbildung ist B = (0; 1).
m ist die so genannte Steigung der Geraden. Je größer m, desto steiler verläuft die Gerade nach oben. Ist m negativ, so ist die Gerade fallend.
Die Steigung m ermittelt sich aus der Höhendifferenz dividiert durch die horizontale Differenz.
Die zugehörige Steigung m zur Abbildung wäre demnach $\frac{2}{1}$, also $m = 2$.
Die Funktionsgleichung heißt somit $y = 2x + 1$.

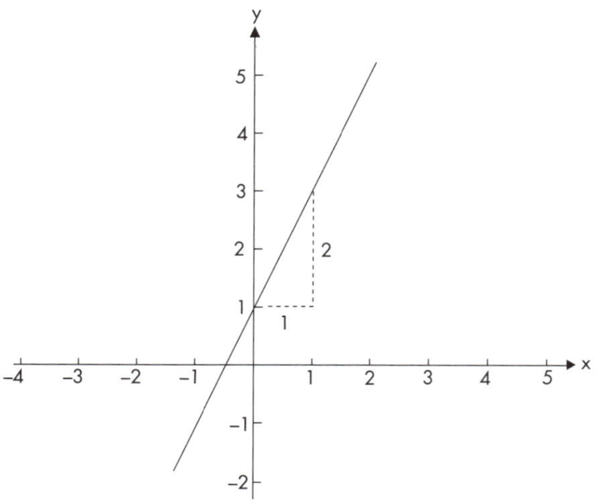

Die Funktionsgerade zu $y = 2x + 1$ lässt sich auf folgende Art zeichnen: Man trägt den Punkt B (0; 1) in das Koordinatensystem ein – dies ist ein Punkt der Funktionsgeraden. Bei einer Steigung von $m = 2$, geht man von diesem Punkt aus eine Einheit nach rechts und zwei Einheiten nach oben. Hier liegt ein weiterer Punkt der Geraden.
Werden diese beiden Punkte mit dem Lineal verbunden (s. Abb.), entsteht die Funktionsgerade.

Aufgabe 3

Zeichne die Funktionsgerade mithilfe des Achsenabschnittes und der Steigung.

a) $y = x$

b) $y = 3x - 1$

c) $y = -2x + 1$

d) $y = \frac{3}{4}x + 0{,}5$

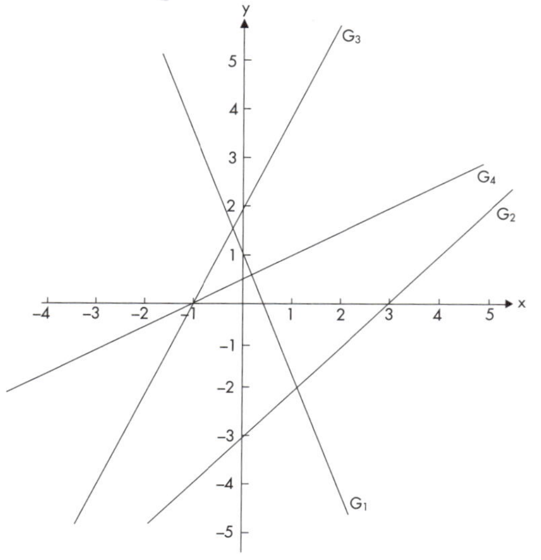

Aufgabe 4

Bestimme die Funktionsgleichungen aus den Funktionsgraphen G_1–G_4 mithilfe der Steigung und dem Achsenabschnitt.

Funktionsgleichungen rechnerisch bestimmen

Die Punkte P_1 (1; 2) und P_2 (3; 6) einer Funktionsgleichung sind gegeben.
Gesucht ist die Funktionsgleichung $y = mx + b$ für die Gerade, die durch diese beiden Punkte verläuft.
Wir bestimmen zunächst die Steigung m mit folgender Formel:

$$m = \frac{y_2 - y_1}{x_2 - x_1} = \frac{6-2}{3-1} = \frac{4}{2} = 2$$

Bis auf b ist die Gleichung nun bestimmt: $y = 2x + b$.

Nun werden in die halbfertige Gleichung die beiden Koordinaten eines Punktes (P_1 oder P_2) eingesetzt. Anschließend wird die Gleichung nach b aufgelöst:

$y = 2x + b \quad |$ Koordinaten von P_2 einsetzen
$6 = 2 \cdot 3 + b \quad |$ T
$6 = 6 + b \quad | -6$
$0 = b$

Die Funktionsgleichung lautet also: $y = 2x$.

Aufgabe 5

Bestimme die Funktionsgleichung rechnerisch.

a) $P_1(0; 2{,}5)$; $P_2(-1; 5{,}5)$

b) $P_1(2; -2)$; $P_2(3{,}5; -5)$

c) $m = 2$; $P_1(3; 4)$

d) $m = 1$; $P_1(0; 2)$

Bist du fit? Teste dein Wissen!

Aufgabe 1

Ein Liter Benzin kostet 1,20 €. Stelle eine Gleichung auf, erstelle eine Wertetabelle und zeichne den Funktionsgraphen, aus denen man die Preise für
a) 10 l b) 15 l c) 20 l d) 40 l e) 50 l Benzin ablesen kann.

Aufgabe 2

Bestimme die Funktionsgleichung rechnerisch.

a) $P_1(4{,}5; 1)$; $P_2(6{,}5; -4)$

b) $m = 2$; $P(3; 4)$

c) $b = 3$; $P(2; 4)$

Aufgabe 3

Bestimme die fehlende Koordinate, sodass der Punkt auf der Funktionsgeraden zu $y = -1 + \frac{1}{3}x$ liegt.

a) $P_1(2;\ )$ b) $P_2(-2;\ )$ c) $P_3(\ ;5)$

Aufgabe 4

Zu einer Geraden gehört folgende Funktionsgleichung:
$y = 4x + 1$.
Notiere eine weitere Gerade, die parallel zur Ausgangsgeraden und durch folgenden Punkt verläuft.
a) P(2; 1) b) P(0; 4)

Aufgabe 5

Theresa leiht sich für einen Tag bei der Firma Schneider ein Auto zu folgenden Bedingungen:

Autohaus Schneider
Leihgebühr pro Tag: 140 €
Pro gefahrener Kilometer: 0,25 €

a) Wie heißt die Funktionsgleichung zur Zuordnung „Strecke → Kosten“?
b) Theresa ist 579 km gefahren. Wie viel Euro muss sie insgesamt bezahlen?

Lineare Gleichungssysteme

Lineare Gleichungen mit **zwei Variablen** kann man mit unterschiedlichen Verfahren lösen:

Das Gleichsetzungsverfahren

1. Löse beide Gleichungen nach derselben Variablen auf.
2. Setze die beiden Ausdrücke für die Variable, nach der du aufgelöst hast, gleich. Dadurch erhältst du eine Gleichung mit nur einer Variablen.
   Bestimme die Lösungsmenge dieser neuen Gleichung.
3. Setze das Ergebnis in eine der beiden Ausgangsgleichungen ein und ermittle den Wert der anderen Variablen.

Beispiel
(1) $3y + 5 = 4y + 3x$ | $-3y; -3x$
(2) $18 + 6x = 2y - 16$ | $+16; :2$

(1') $5 - 3x = y$
(2') $17 + 3x = y$

Gleichsetzen von (1') und (2'):
$5 - 3x = 17 + 3x$ | $+3x; -17; :6$
$x = -2$

Einsetzen in (1):
$3y + 5 = 4y + 3 \cdot (-2)$
$y = 11$

Aufgabe 1

Bestimme die Lösungsmenge mit dem Gleichsetzungsverfahren!

a) $y = -3x + 16$
   $y = 2x + 6$

b) $y = 7 - x$
   $y = x - 3$

c) $3 + 2a = b$
   $3b - 2a = -2$

d) $0{,}25x + 2y = 4{,}5$
   $-0{,}5x - 4y = 9$

Das Einsetzungsverfahren

1. Löse eine der Gleichungen nach einer Variablen auf.
2. Ersetze in der zweiten Gleichung die Variable durch den Term, der nun auf der anderen Seite der ersten Gleichung steht. Dadurch erhältst du eine Gleichung mit nur einer Variablen.
   Bestimme die Lösungsmenge für diese Variable.
3. Setze das Ergebnis in eine der beiden Ausgangsgleichungen ein und ermittle den Wert der anderen Variablen.

Beispiel
(1) $4b + 4a = 24$
(2) $2b - 8 = -2 - 10a$ | $+8; :2$

(1) $4b + 4a = 24$
(2') $b = 3 - 5a$

Einsetzen von (2') in (1):
$4(3 - 5a) + 4a = 24$
$a = -\frac{3}{4}$

Einsetzen in (2):
$2b - 8 = -2 - 10 \cdot \left(-\frac{3}{4}\right)$
$b = 6\frac{3}{4}$

Aufgabe 2

Bestimme die Lösungsmenge mit dem Einsetzungsverfahren!

a) $4b + a = 24$
   $b = 6 - 10a$

b) $s = 2t - 4$
   $s + 9 = 3t$

c) $2b + 3 = 4a$
   $2b = 5a - 1$

d) $2y = 4x - 4$
   $12x + 4y = 22$

Grundlagen

Das Additionsverfahren

Wenn in beiden Gleichungen eine Variable oder ein Vielfaches davon mit demselben Betrag, aber unterschiedlichen Vorzeichen vorkommt, ist es sinnvoll, das Additionsverfahren anzuwenden. Folgende Schritte sind hier zu beachten:

1. Forme beide Gleichungen durch Multiplikation/Division so um, dass beim Addieren der Gleichungen eine Variable wegfällt.
2. Addiere nun die beiden Gleichungen. Dadurch erhältst du eine Gleichung mit einer Variablen. Bestimme die Lösungsmenge für diese Variable.
3. Setze das Ergebnis in eine der Ausgangsgleichungen ein und ermittle die Größe der anderen Variablen.

Beispiel

(1) $4a - 3b = 7 \quad | \cdot 2$
(2) $-3a + 6b = 6$

(1') $8a - 6b = 14$
(2) $-3a + 6b = 6$

Gleichungen (1') und (2) addieren:
$8a - 6b - 3a + 6b = 14 + 6 \quad | \text{T}$
$5a = 20$
$a = 4$

Einsetzen in (1):
$4 \cdot 4 - 3b = 7$
$b = 3$

Aufgabe 3

Bestimme die Lösungsmenge mit dem Additionsverfahren.

a) $6a - 8b = 3$
$12a + 8b = 42$

b) $-5x + 6y = 16$
$5x - y = 14$

c) $2x + 8y = 32$
$7x + 4y = 40$

d) $2b = 4a - 4$
$3a + b = 5{,}5$

Zeichnerisches Lösungsverfahren

1. Löse zunächst beide Gleichungen nach y auf.
2. Zeichne für beide Gleichungen den Funktionsgraphen (vgl. S. 17).
3. Die Koordinaten des Schnittpunktes S $(x; y)$ der beiden Geraden sind die Lösung für das lineare Gleichungssystem, hier (2; 1).

Beispiel

f_1: $y = -2x + 5$
f_2: $y = 0{,}5x$

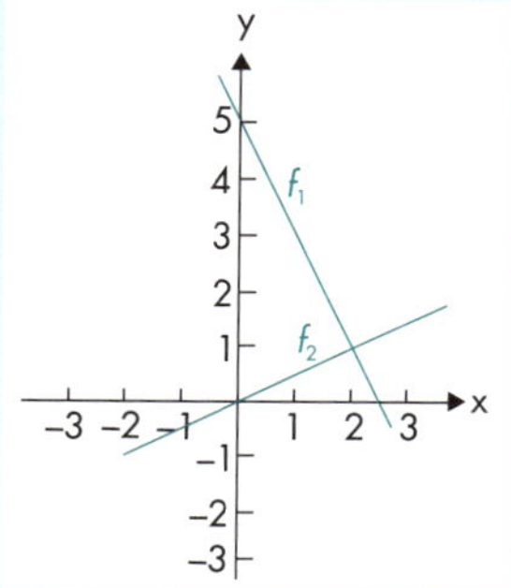

Aufgabe 4

Löse das Gleichungssystem zeichnerisch.

a) $y = 2y - 3$
$y = -3x + 7$

b) $3x - y = 6$
$x - 3y = 6$

c) $2x + y = 6$
$3x + 2y = 8$

Aufgabe 5

Was passiert mit den beiden Funktionsgeraden, wenn das zugehörige lineare Gleichungssystem keine Lösung hat?

Bist du fit? Teste dein Wissen!

Aufgabe 1

Löse die Gleichungssysteme rechnerisch.

a) $-10x + 12y = 32$
$10x - 2y = 28$

b) $y = 2x - 9$
$8x + 6y = 46$

c) $6x + 3y = 15$
$y = 2x - 7$

d) $5y = 10x + 152$
$5y = 15x + 5$

e) $-3y = -6x + 6$
$-18x - 6y = -33$

f) $y = 3x + 15$
$7x - 5 = 2y$

Aufgabe 2

Setze für a und b Werte ein, sodass das Gleichungssystem
$y = ax + b$
$y = 4x + 12$
a) keine Lösung hat.
b) unendlich viele Lösungen hat.

Aufgabe 3

Stelle zu den Funktionsgraphen das lineare Gleichungssystem auf und bestimme dessen Lösungsmenge.

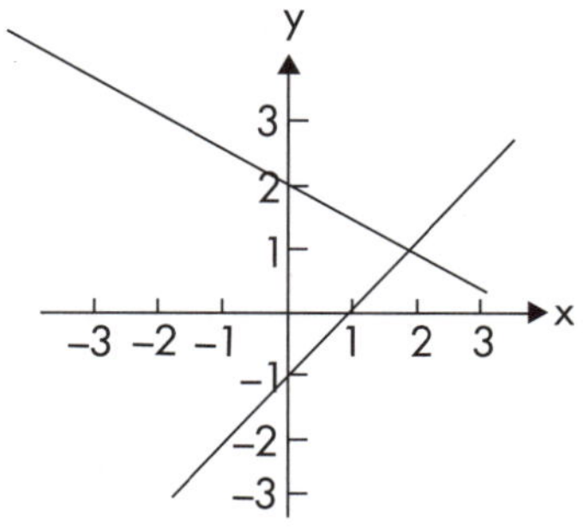

Aufgabe 4

Löse die Gleichungssysteme zeichnerisch.

a) $y + x = 8$
$y + 2 = x$

b) $y - 2 = \frac{1}{4}x$
$y = 1 + \frac{1}{3}x$

Aufgabe 5

Stelle ein lineares Gleichungssystem auf und berechne die Lösungsmenge:
Bei einem gleichschenkligen Dreieck sind die Schenkel um 7 cm größer als die Basis.
Wie groß sind die Schenkel und wie groß ist die Basis, wenn das Dreieck einen Umfang von 134 cm besitzt?

Aufgabe 6

Stelle ein lineares Gleichungssystem auf und berechne die Lösungsmenge:

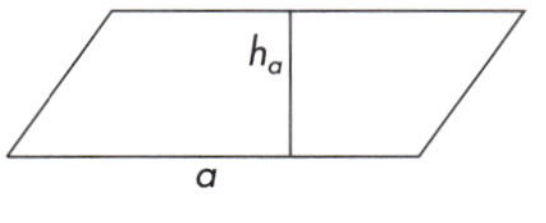

Ein Parallelogramm hat einen Flächeninhalt von 1 587 mm².
Die Seite a ist dreimal so lang wie die dazugehörige Höhe h_a.
Wie lang ist die Seite a und wie lang ist die Höhe h_a?

Aufgabe 7

Stelle ein lineares Gleichungssystem auf und bestimme die Werte für x und y:
Das Fünffache einer Zahl x vermindert um 43 hat den Wert y.
116 vermindert um das Vierfache von y ist genauso groß wie das Vierfache von x.

Themen Klasse 9/10

Quadratische Gleichungen

Rein quadratische Gleichungen lösen

1. Gleichung der Form $x^2 = a$ und $ax^2 - c = b$
Durch Termumformung und Wurzelziehen ergeben sich zwei Lösungen:

$x^2 = a$ | √
$x_1 = \sqrt{a}$ und $x_2 = -\sqrt{a}$

$ax^2 - c = b$ | $+c$
$ax^2 = b + c$ | $:a$
$x^2 = \frac{b+c}{a}$ | √
$x_1 = -\sqrt{\frac{b+c}{a}}$ und $x_2 = \sqrt{\frac{b+c}{a}}$

> **Beispiel**
> $x^2 = 144$ | √
> $x_1 = 12$ und $x_2 = -12$
>
> $3x^2 - 13 = 2$ | $+13$
> $3x^2 = 15$ | $:3$
> $x^2 = 5$ | √
>
> $x_1 = -\sqrt{5}$ und $x_2 = \sqrt{5}$

2. Gleichung der Form $x^2 + 2ax + a^2 = c$ bzw. $(x + a)^2 = c$
Mithilfe der 1. und 2. binomischen Formel und Wurzelziehen lassen sich diese Gleichungen lösen:

$x^2 + 2xa + a^2 = c$ | 1. bin. Formel
$(x + a)^2 = c$ | √

$x + a = \sqrt{c}$ oder $x + a = -\sqrt{c}$ | $-a$
$x_1 = \sqrt{c} - a$ und $x_2 = -\sqrt{c} - a$

> **Beispiel**
> $x^2 + 10x + 25 = 400$ | 1. bin. Formel
> $(x + 5)^2 = 400$ | √
>
> $x + 5 = 20$ oder $x + 5 = -20$ | -5
> $x_1 = 15$ und $x_2 = -25$

Aufgabe 1

Bestimme die Lösungsmenge.
a) $x^2 = 289$
b) $4x^2 = 576$
c) $-2b^2 = -100\,000 - 82$
d) $34 + 3x^2 = 52{,}75$
e) $13x^2 = 12$
f) $8x^2 - 25 = 146$
g) $a^2 = 306{,}25$
h) $65 - 4s^2 = 57$

Aufgabe 2

Bestimme die Lösungsmenge.
a) $(x + 8)^2 = 784$
b) $(x - 6)^2 = 49$
c) $(24 + b)^2 + 36 = 16\,670 + 7$
d) $3(x + 5)^2 = 2\,700$

Gemischt quadratische Gleichungen lösen

1. Gleichung der Form $x^2 + px = 0$
Gemischt quadratische Gleichungen ohne konstantes Glied (q, vgl. 2.) kannst du durch Ausklammern lösen:

$x^2 + px = 0$ | Ausklammern
$x(x + p) = 0$ | Überprüfen: welche Zahlen für x eingesetzt ergeben 0?

$x = 0$ oder $x + p = 0$
$x_1 = 0$ und $x_2 = -p$

> **Beispiel**
> $x^2 + 9x = 0$ | Ausklammern
> $x(x + 9) = 0$
>
> $x = 0$ oder $x + 9 = 0$
> $x_1 = 0$ und $x_2 = -9$

Aufgabe 3

Bestimme die Lösungsmenge.
a) $x^2 + 6x = 0$
b) $x^2 = 7x$
c) $3x^2 - 45x = 0$
d) $2{,}5x^2 = -30x$

2. Gleichung in der Normalform $x^2 + px + q = 0$ mithilfe der quadratischen Ergänzung lösen
Gleichungen der Form $x^2 + px + q = 0$ mit $p, q \in \mathbb{R}$ nennt man Normalform einer quadratischen Gleichung.
Mithilfe der quadratischen Ergänzung lassen sich Gleichungen in der Normalform in rein quadratische Gleichungen überführen.

> **Beispiel**
> $x^2 + 8x + 5 = 25$ | -5
> $x^2 + 8x = 20$
>
> Quadratische Ergänzung heißt nun, dass man den Term $x^2 + 8x$ (allgemein: $x^2 + px$) so erweitert, dass die 1. oder 2. binomische Formel (vgl. S. 15) entsteht. Dazu halbierst du p (hier also: $\frac{8}{2}$) und quadrierst diese Zahl (hier: $\left(\frac{8}{2}\right)^2 = 4^2 = 16$):
>
> $x^2 + 8x = 20$ | Auf *beiden* Seiten die quadratische Ergänzung hinzufügen
> $x^2 + 8x + 16 = 20 + 16$
> $x^2 + 8x + 16 = 36$ | Anwenden der 1. bin. Formel
> $(x + 4)^2 = 36$ | √
>
> $x + 4 = 6$ oder $x + 4 = -6$ | -4
> $x_1 = 2$ und $x_2 = -10$

Aufgabe 4

Bestimme die quadratische Ergänzung.

a) $x^2 + 6x$ c) $x^2 - 12x$
b) $x^2 + 40x$ d) $x^2 - 100x$

Aufgabe 5

Bestimme die Lösungsmenge.

a) $x^2 - 10x = 24$ c) $x^2 + 4x + 5 = 0$
b) $x^2 + 8x = 0$ d) $2x^2 - 28x + 80 = 0$

3. Gleichungen in der Normalform mithilfe der *p*-*q*-Formel lösen

Gleichungen der Form $x^2 + px + q = 0$ mit $p, q \in \mathbb{R}$ nennt man Normalform einer quadratischen Gleichung. Diese kannst du auch mithilfe der folgenden Formel lösen:

$$x_{1/2} = -\frac{p}{2} \pm \sqrt{\left(\frac{p}{2}\right)^2 - q}$$

Beispiel

$3x^2 - 15x = 42$	Die Gleichung muss zunächst in die Form „$x^2 + px + q$“ gebracht werden, d. h.:
$3x^2 - 15x = 42$	$\vert :3$
$x^2 - 5x = 14$	$\vert -14$
$x^2 - 5x - 14 = 0$	

Jetzt kann die *p*-*q*-Formel angewendet werden: $p = -5$; $q = -14$

$$x_{1/2} = -\left(-\frac{5}{2}\right) \pm \sqrt{\left(\frac{-5}{2}\right)^2 - (-14)} = 2{,}5 \pm \sqrt{6{,}25 + 14} = 2{,}5 \pm \sqrt{20{,}25} = 2{,}5 \pm 4{,}5$$

$x_1 = -2$ und $x_2 = 7$

Aufgabe 6

Bestimme die Lösungsmenge mithilfe der *p*-*q*-Formel.

a) $x^2 - 4x - 21 = 0$ c) $0{,}5x^2 - 3x = 8$
b) $x^2 + 8x = 20$ d) $5x^2 + 14x = -9{,}8$

Aufgabe 7

a) In welchen Fällen liefert die *p*-*q*-Formel genau eine Lösung?
b) Wann liefert die Lösungsformel keine Lösung?

4. Graphische Lösung

Gemischt quadratische Gleichungen kannst du grafisch lösen, indem du sie …

a) zunächst in die Normalform und anschließend in die Scheitelform umformst. Anschließend kannst du die Parabel (vgl. „Quadratische Funktionen“, S. 25) zeichnen und die Nullstellen ablesen. Die Nullstellen sind die Lösungen der Gleichung.

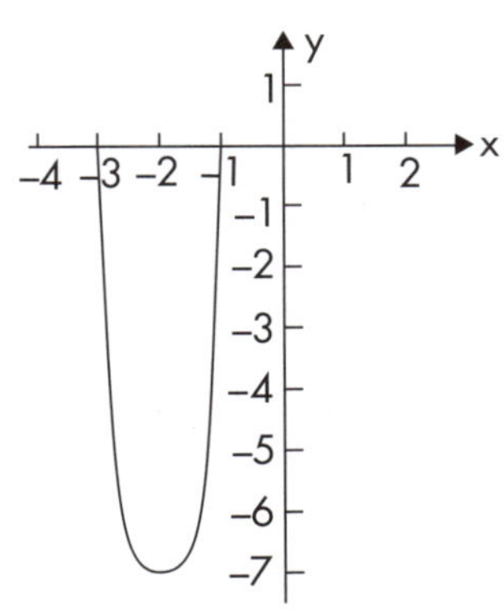

Beispiel

$2x^2 + 8x - 6 = 0$	$\vert :2$
$x^2 + 4x - 3 = 0$	Funktionsgleichung bilden
$y = x^2 + 4x - 3$	quadratische Ergänzung
$y = x^2 + 4x + 2^2 - 3 - 2^2$	Scheitelform
$y = (x + 2)^2 - 7$	

Die Parabel (vgl. S. 25) hat den Scheitelpunkt (–2; –7). Nullstellen und damit Lösungen der Gleichung sind $x_1 = -3$ und $x_2 = -1$.

b) zunächst nach x^2 auflöst.

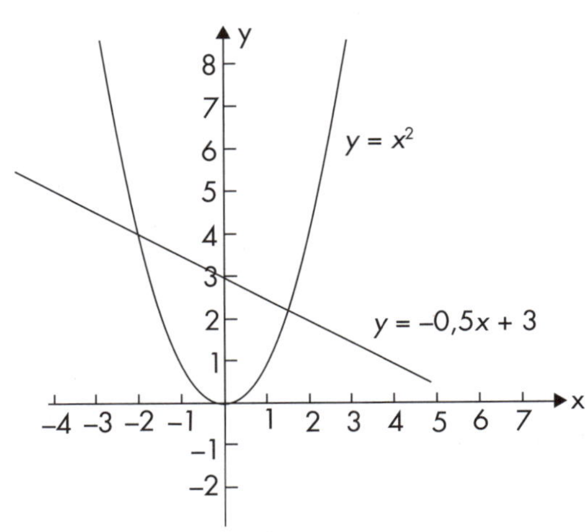

Beispiel

$x^2 + 0{,}5x - 3 = 0$	$\vert -0{,}5x; +3$
$x^2 = -0{,}5x + 3$	

Daraus lassen sich die Funktionsgleichungen $y = x^2$ (Normalparabel, vgl. S. 25) und $y = -0{,}5x + 3$ ablesen. Die Parabel zu $y = x^2$ und die Gerade zu $y = -0{,}5x + 3$ zeichnest du in ein Koordinatensystem ein. Parabel und Gerade haben zwei Schnittpunkte, deren *x*-Koordinaten die Lösung für die quadratische Gleichung sind, hier: $x_1 = -2$; $x_2 = 1{,}5$.

Aufgabe 8

Bestimme die Lösungsmenge zeichnerisch.

a) $x^2 - 2x - 8 = 0$
b) $x^2 = 2x$
c) $x^2 + 4x + 5 = 0$
d) $x^2 - 7x = -6$

Aufgabe 9

Woran erkennt man an der zeichnerischen Lösung (beide Möglichkeiten), ob eine quadratische Gleichung keine Lösung oder genau eine Lösung hat?

Bist du fit? Teste dein Wissen!

Aufgabe 1

Bestimme die zugehörige Gleichung und notiere die Lösung.

a)

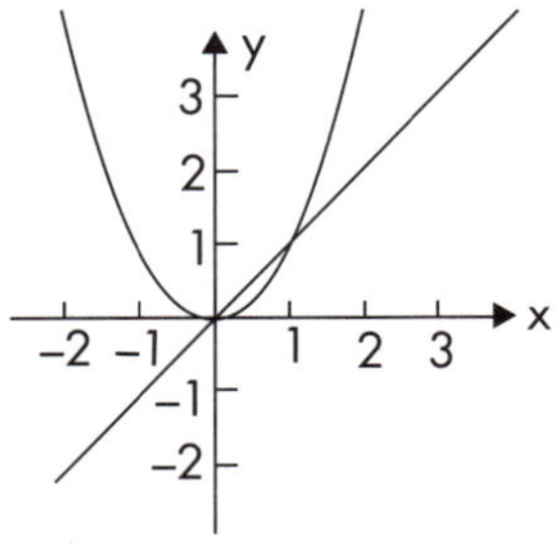

b)

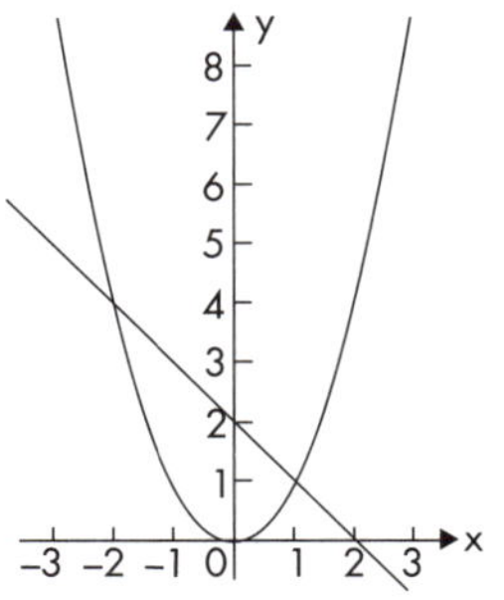

c)

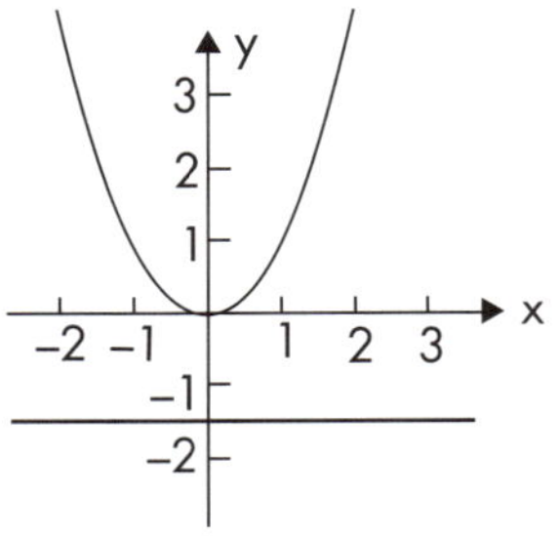

Aufgabe 2

Löse die Gleichungen.

a) $x^2 - 9 = 0$
b) $0{,}5x^2 = 32$
c) $3(x^2 + 5) = 315$
d) $(8x - 8)(5x + 5) = 40 - 85x^2$

Aufgabe 3

Löse die Gleichungen mithilfe der quadratischen Ergänzung.

a) $x^2 + \frac{1}{2}x - \frac{1}{2} = 0$
b) $x^2 - 5{,}2x = -4{,}8$

Aufgabe 4

Löse die Gleichungen mit der p-q-Formel.

a) $4x^2 - 1{,}6x = -7$
b) $5x^2 = 12x$
c) $10a^2 - 24a + 18 = 0$
d) $(2a - 5)(5a - 2) = 10$
e) $7(7m - 5) = (3m + 5)(2m - 7)$
f) $(x - 7)^2 = 4(x + 8)$

Aufgabe 5

Löse folgende Gleichung:

$$\frac{x(x-3)}{2} + \frac{3}{2}x = 6 - \frac{x}{2}$$

Aufgabe 6

Eine rechteckige Lagerhalle hat einen Flächeninhalt von 468 m². Ihr Umfang beträgt 88 m.
Wie lang und wie breit ist die Halle?

Aufgabe 7

a) Ein Rechteck hat einen Flächeninhalt von 458 cm².
Wie lang sind die Seiten, wenn a um 3 cm kürzer ist als die Seite b?

b) Die Grundseite eines Dreiecks ist um 2 cm kürzer als die dazugehörige Höhe.
Wie lang sind g und h, wenn $A = 1\,624$ dm²?

Aufgabe 8

Stelle jeweils eine quadratische Gleichung auf und löse rechnerisch.

a) Das Quadrat einer ausgedachten Zahl vermehrt um 25 ergibt 2 234. Wie heißt die Zahl?

b) Wenn man eine unbekannte Zahl quadriert und das Dreifache der unbekannten Zahl addiert, erhält man 550. Wie heißt die Zahl?

c) Wenn man eine Zahl um 4 vermindert und das Ergebnis quadriert, erhält man das Gleiche wie das Dreifache der Zahl vermindert um 3. Wie heißt die Zahl?

Quadratische Funktionen

Normalparabel	$y = x^2$	Scheitelform:	$y = (x - d)^2 + c$
gestauchte/gestreckte Normalparabel:	$y = ax^2$	Normalform:	$y = x^2 + px + q$
		allgemeine Form:	$y = ax^2 + bx + c$

Normalparabel $y = x^2$ und gestreckte/gestauchte Normalparabel $y = ax^2$

Der Funktionsgraph zur Gleichung $y = x^2$ ist die so genannte Normalparabel.
Bei der Gleichung $y = ax^2$ wird die Normalparabel für $a \neq 0$ um den Faktor a gestreckt bzw. gestaucht:
$|a| > 1$: Parabel wird schlanker
$|a| < 1$: Parabel wird breiter
$a > 0$ ist eine nach oben geöffnete Parabel
$a < 0$ ist eine nach unten geöffnete Parabel

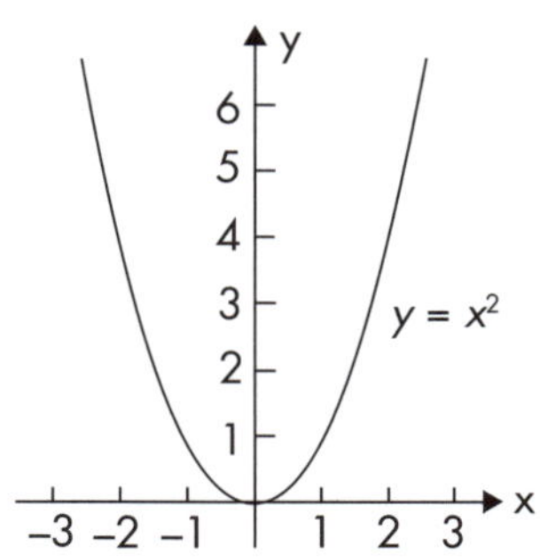

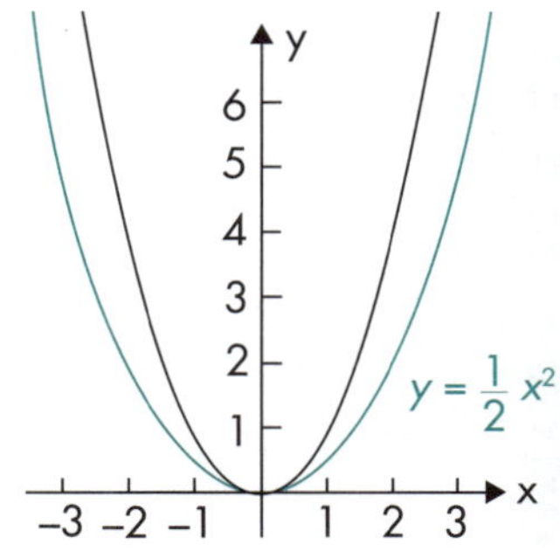

Aufgabe 1

Erstelle eine Wertetabelle und zeichne die Parabeln. Gib vorher an, ob es sich um eine nach oben oder nach unten geöffnete Parabel handelt.

a) $y = x^2$
b) $y = 2x^2$
c) $y = -x^2$
d) $y = -0{,}5x^2$

Verschiebung der Normalparabel – die Scheitelform $y = (x - d)^2 + c$

Quadratische Funktionen können in der Scheitelform angegeben werden: $y = (x - d)^2 + c$.
d gibt an, um wie viel Einheiten die Normalparabel ($y = x^2$) entlang der x-Achse (rechts, links) verschoben wurde.
$(x + d)^2$: Die Normalparabel wird nach links verschoben;
$(x - d)^2$: Die Normalparabel wird nach rechts verschoben.
Der Wert ***c*** gibt an, um wie viele Einheiten die Normalparabel in Richtung der y-Achse (oben, unten) verschoben wurde.
Der Scheitelpunkt S der Parabel $(x - d)^2 + c$ hat die Koordinaten S($+d$; c), der Scheitelpunkt S der Parabel $(x + d)^2 + c$ hat die Koordinaten S($-d$; c).

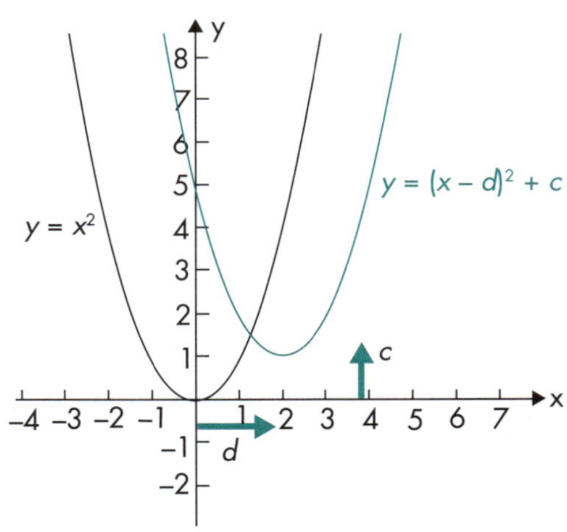

Beispiel
$y = (x - 2)^2 + 1$
Die Normalparabel wurde um 2 Einheiten nach rechts und um eine Einheit nach oben verschoben.
Scheitelpunkt S(2; 1)

Aufgabe 2

Wie heißt die Funktionsgleichung, nachdem die Normalparabel wie folgt verschoben wurde? Gib auch den Scheitelpunkt an.

a) um 7 Einheiten nach rechts
b) um 3 Einheiten nach unten
c) um 2 Einheiten nach rechts und um 5 Einheiten nach oben
d) um 1 Einheit nach links und um 2 Einheiten nach unten

Aufgabe 3

Zeichne mit der Schablone für die Normalparabel folgende Funktionsgraphen:

a) $y = (x + 0{,}5)^2 + 2$
b) $y = (x - 3)^2 - 1$
c) $y = (x - 0{,}5)^2 + \frac{3}{4}$

Normalform $y = x^2 + px + q$ in Scheitelform umformen

Die Normalform kann mittels quadratischer Ergänzung (vgl. „Quadratische Gleichungen“, S. 22) in die Scheitelform umgewandelt werden.

Beispiel

$y = x^2 - 4x - 5$

Quadratische Ergänzung heißt nun, dass man den Term $x^2 - 4x - 5$ so erweitert, dass die 1. oder 2. binomische Formel (vgl. S. 15) faktorisiert werden kann. Dazu halbierst du p (hier also: $\frac{4}{2}$) und quadrierst diese Zahl (hier: $\left(\frac{4}{2}\right)^2 = 2^2 = 4$).

Nun addierst und subtrahierst du gleichzeitig auf einer Seite 4. Also:

$y = x^2 - 4x - 5$	$\mid +4; -4$
$y = x^2 - 4x + 4 - 4 - 5$	$\mid$ 2. binomische Formel
$y = (x-2)^2 - 9$	

Die Parabel zu $y = x^2 - 4x - 5$ ist eine nach oben geöffnete Parabel mit dem Scheitelpunkt S (2; –9).

Aufgabe 4

Wandle in die Scheitelform um.

a) $y = x^2 + 6x + 5$

b) $y = x^2 + 8x + 7$

c) $y = x^2 - x - 0{,}5$

d) $y = x^2 + 3x + 4$

Aufgabe 5

Gib die Funktionsgleichung in der Normalform an.

a) $y = (x-4)^2 + 6$

b) Die Normalparabel wird um 2 nach rechts und um 1 nach unten verschoben.

Allgemeine Form $y = ax^2 + bx + c$ in Scheitelform umformen

Die allgemeine Form kann mittels Ausklammern des Faktors a und mittels quadratischer Ergänzung (s. o.) in die Scheitelform umgewandelt werden.

Beispiel

$y = -3x^2 - 6x + 9$

Zunächst wird der Faktor vor x^2, also hier –3, ausgeklammert:

$y = -3\,(x^2 + 2x) + 9$	Quadratische Ergänzung: $\left(\frac{2}{2}\right)^2 = 1$; $+1; -1$
$y = -3\,[(x^2 + 2x + 1) - 1] + 9$	Ausmultiplizieren der eckigen Klammer: $(-3) \cdot (-1)$
$y = -3\,(x^2 + 2x + 1) - 3 \cdot (-1) + 9$	Faktorisieren mit der 1. binomischen Formel

$y = -3\,(x+1)^2 + 12$

Der Funktionsgraph zu $y = -3x^2 - 6x + 9$ ist eine nach unten geöffnete Parabel. Die Normalparabel wurde um 1 Einheit nach links und um 12 Einheiten nach oben verschoben und mit dem Faktor 3 gestaucht.

Ihr Scheitelpunkt ist S(–1; 12).

Aufgabe 6

Bestimme die Scheitelform und gib die Koordinaten des Scheitelpunktes an.

a) $y = -3x^2 + 6x + 5$

b) $y = -1{,}5x^2 - 6x - 7{,}5$

c) $y = -x^2 + \frac{1}{3}x$

Aufgabe 7

Notiere die Funktionsgleichung in der Scheitelform und in der allgemeinen Form.

a) Verschiebung der Normalparabel um 2 Einheiten nach links; Stauchung mit dem Faktor 4; Verschiebung um 3 Einheiten nach unten

b) Verschiebung der Normalparabel um 5 Einheiten nach rechts; Parabel nach unten geöffnet; Streckung mit dem Faktor 0,5; Verschiebung um 1 Einheit nach oben

Berechnung der Nullstellen von Parabeln

Die Nullstellen von Parabeln werden mithilfe der quadratischen Ergänzung, der p-q-Formel oder graphisch ermittelt. Die Lösungsverfahren findest du ausführlich beschrieben in dem Kapitel „Quadratische Gleichungen“, S. 22 ff.

Bist du fit? Teste dein Wissen!

Aufgabe 1

1 Erstelle eine Wertetabelle und zeichne die Parabel.
a) $y = (3x)^2$ b) $y = -0{,}5\,x^2$

Aufgabe 2

Welche der Punkte $P_1(0; 0)$; $P_2(2; 4)$; $P_3(1; 19)$; $P_4(2; 7)$ liegen auf den Funktionsgraphen zu $y_1 = x^2 + 6$, $y_2 = (x - 5)^2 + 3$ oder $y_3 = -1{,}5x^2 + 3x + 4$?

Aufgabe 3

Wandle in die Normalform oder in die Scheitelform um.

a) $y = x^2 + 6x + 5$
b) $y = (x - 3)^2 + 2$
c) $y = x^2 - \frac{3}{4}x + \frac{5}{9}$
d) $y = 3(x + 5)^2 - 9$
e) $\frac{3}{2}x^2 - 8x + \frac{5}{2}$
f) $y = x^2 + 3x + 4$
g) $y = 4(x + 2)^2 - 5$
h) $y = x^2 - 4x + 5{,}5$

Aufgabe 4

Zeichne den Funktionsgraphen und gib die Scheitelform an.
a) Der Scheitelpunkt der Normalparabel ist $S(3; -2)$.
b) Die Normalparabel verläuft durch die Punkte $P_1(-3; 3)$ und $P_2(1; 3)$.

Aufgabe 5

Bestimme die Nullstellen folgender Funktionsgraphen rechnerisch:
a) $y = x^2 + 8x + 7$
b) $y = -\frac{1}{2}x^2 - x + 2$
c) $y = -\frac{x^2}{2} - x + 6$

Aufgabe 6

Ein Band von 20 m Länge soll zu einem Rechteck gelegt werden. Für welche Länge x ist der Flächeninhalt des Rechtecks am größten?

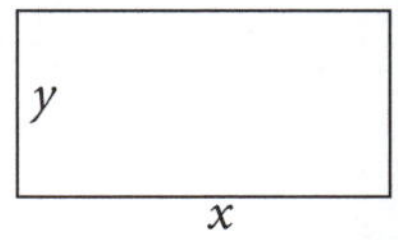

Aufgabe 7

Die Siebenkämpferin Sabine Braun hat in 6 Disziplinen 6 212 Punkte gesammelt. Um einen neuen Weltrekord aufzustellen, muss sie beim Weitsprung über 7,2 m springen. Die Sprungparabel ihres letzten Versuchs kann mit der Gleichung $y = -0{,}062x^2 + 0{,}312x + 1{,}15$ angegeben werden. Knackt sie den Weltrekord?

Kreis

Linien am Kreis

Eine Gerade, die genau einen Punkt mit dem Kreis gemeinsam hat, nennt man **Tangente**.
Eine Gerade, die den Kreis in zwei Punkten schneidet, heißt **Sekante**.
Eine Gerade, die keinen Punkt mit dem Kreis gemeinsam hat, wird als **Passante** bezeichnet.
Die Verbindungsstrecken von zwei Kreispunkten heißen **Sehnen** des Kreises. Geht die Sehne durch den Mittelpunkt M des Kreises, wird sie als **Durchmesser** (d) bezeichnet.
Die Strecke vom Mittelpunkt M zu einem beliebigen Punkt der Kreislinie heißt **Radius** (r).

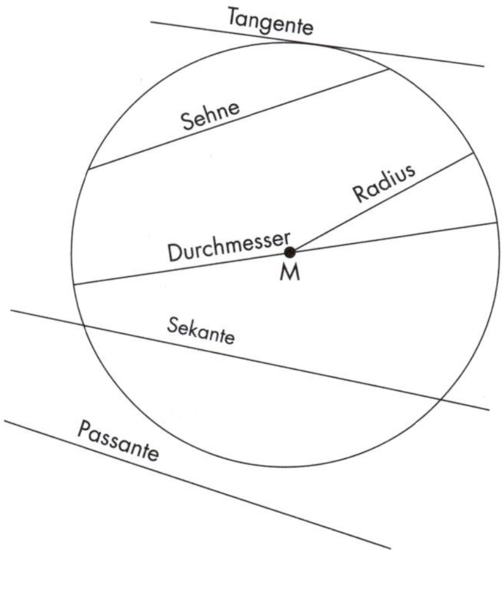

Flächeninhalt und Umfang des Kreises

$A_K = \pi \cdot r^2 = \frac{\pi}{4} \cdot d^2$ $U_K = 2 \cdot \pi \cdot r = \pi \cdot d$ $d = 2 \cdot r$

Beispiel
$r = 3$ dm
$d = 2 \cdot 3$ dm $= 6$ dm
$A_K = \pi \cdot (3\text{ dm})^2 = 28{,}27\text{ dm}^2$
$U_K = 2 \cdot \pi \cdot 3$ dm $= 18{,}85$ dm

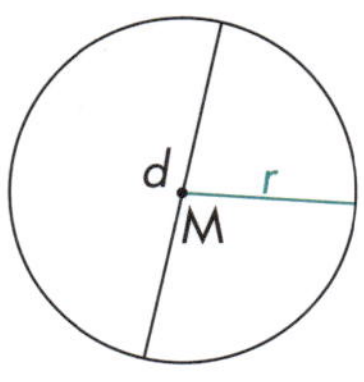

Aufgabe 1

Berechne jeweils Flächeninhalt und Umfang des Kreises.
a) $r = 9$ cm b) $d = 12$ dm c) $d = 2{,}4$ m

Themen

Kreisausschnitt und Kreisbogen *b*

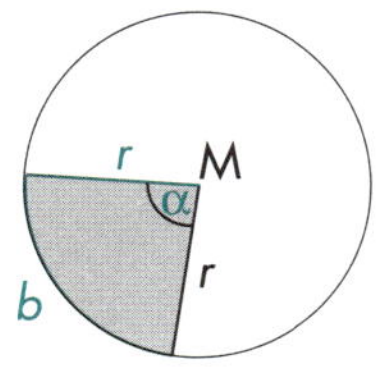

$$A = \frac{\pi \cdot r^2 \cdot \alpha}{360°} = \frac{b \cdot r}{2} \qquad b = \frac{2 \cdot \pi \cdot r \cdot \alpha}{360°}$$

Beispiel

$r\ = 5\ \text{m}, \alpha = 45°$

$A\ = \dfrac{\pi \cdot (5\ \text{m})^2 \cdot 45°}{360°} = 9{,}82\ \text{m}^2$

$b\ = \dfrac{2 \cdot \pi \cdot 5\ \text{m} \cdot 45°}{360°} = 3{,}93\ \text{m}$

Aufgabe 2

Berechne jeweils Kreisausschnitt und Kreisbogen.

a) $r = 4$ cm; $\alpha = 90°$

b) $r = 2{,}7$ dm; $\alpha = 55°$

c) $r = 2{,}4$ m; $\alpha = 240°$

Kreisring

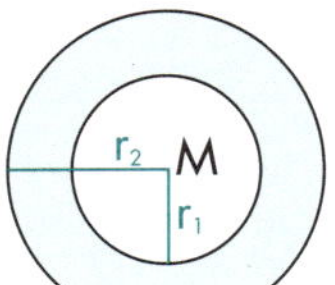

Um den Flächeninhalt A des Kreisrings auszurechnen, wird von der größeren Fläche (Radius r_2) die kleinere (Radius r_1) subtrahiert:

$$A = \pi \cdot r_2^2 - \pi \cdot r_1^2 = \pi \cdot (r_2^2 - r_1^2)$$

Beispiel

$r_1\ = 22\ \text{cm}, r_2 = 25\ \text{cm}$

$A\ = \pi \cdot ((25\ \text{cm})^2 - (22\ \text{cm})^2) = 442{,}96\ \text{cm}^2$

Aufgabe 3

Berechne den Flächeninhalt des Kreisringes.

a) $r_1 = 18$ cm; $r_2 = 20$ cm

b) $r_1 = 4{,}8$ dm; $r_2 = 5{,}6$ dm

c) $d_1 = 7$ m; $d_2 = 8$m

Bist du fit? Teste dein Wissen!

Aufgabe 1

Berechne fehlende Größen des Kreises (r, d, A, U).

a) $r = 6$ mm

b) $d = 1$ m

c) $U = 12$ cm

d) $A = 3{,}14\ \text{dm}^2$

Aufgabe 2

Das Aufzugsrad eines Fahrstuhls hat einen Durchmesser von 1,8 m. Um wie viel Meter wird der Fahrstuhl bei einer Radumdrehung nach oben gezogen?

Aufgabe 3

Berechne fehlende Größen des Kreisausschnittes (α, b, r, A).

a) $r = 10$ cm; $b = 31{,}4$ cm

b) $r = 3{,}2$ dm; $A = 12{,}06\ \text{dm}^2$

c) $\alpha = 225°$; $b = 70{,}7$ m

Aufgabe 4

Der große Zeiger ($r = 5{,}5$ cm) einer Uhr steht auf der „6“. Welche Strecke legt die Spitze des Zeigers zurück, bis er auf 11 Uhr steht?

Aufgabe 5

Berechne fehlende Größen des Kreisrings (r_1, r_2, A)

a) $r_2 = 0{,}5$ cm; $A = 0{,}28\ \text{cm}^2$

b) $r_1 = 3{,}5$ dm; $A = 11{,}78\ \text{dm}^2$

c) $r_1 = 7{,}8$ m; $r_2 = 12{,}2$ m

Aufgabe 6

Eine Ampelkreuzung wird in einen 3-spurigen Kreisverkehr umgebaut. Die Kreisinsel bekommt einen Durchmesser von 50 m. Jede Fahrbahn wird 2,5 m breit.

a) Wie groß ist die Fläche der Kreisinsel?

b) Berechne die Fläche der Innen, Mittel- und Außenspur.

c) Wie viel Quadratmeter Fahrbahn müssen insgesamt geteert werden?

Tipp: Zeichne eine Skizze!

Aufgabe 7

a) Wie lang ist der große Bogen? Welchen Flächeninhalt hat der zugehörige Halbkreis?

b) Berechne die Gesamtlänge und den Gesamtflächeninhalt der 4 mittleren Bögen bzw. Halbkreise.

c) Welche Länge und welchen Flächeninhalt haben die kleinen Bögen bzw. Halbkreise insgesamt?

d) Vergleiche deine Ergebnisse der Aufgaben a) bis c). Was stellst du fest?

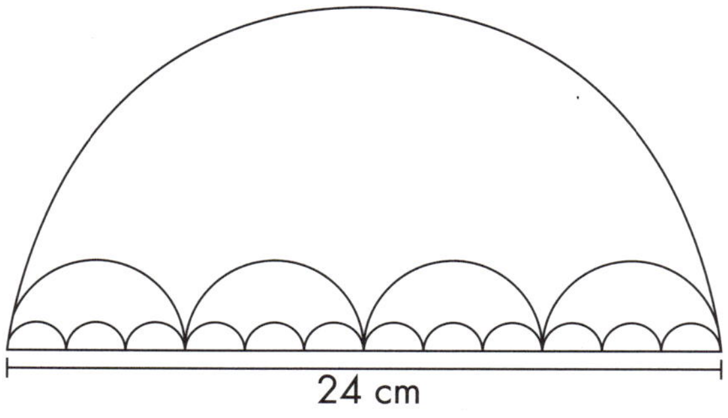

Satzgruppe des Pythagoras

Grundlagen

In einem rechtwinkligen Dreieck bezeichnet man die dem rechten Winkel gegenüberliegende Seite als Hypotenuse (c) und die beiden den rechten Winkel einschließenden Seiten als Katheten (a, b).
Die Höhe zur Hypotenuse (c) zerlegt diese in zwei Hypotenusenabschnitte p und q. Der Abschnitt p gehört zur Kathete a, der Abschnitt q zur Kathete b.

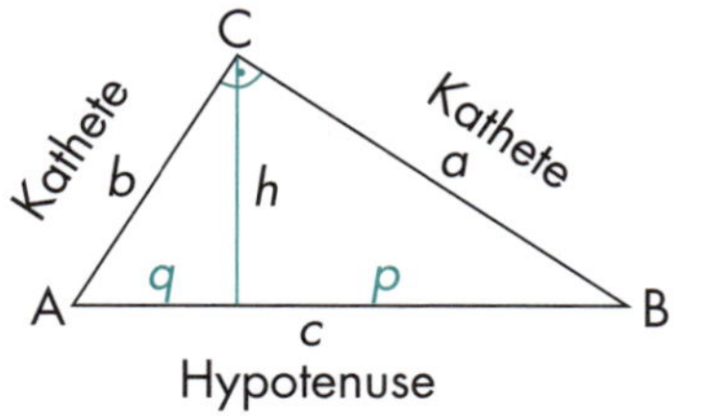

Satz des Pythagoras und seine Umkehrung

In jedem rechtwinkligen Dreieck gilt:
Der Flächeninhalt des Hypotenusenquadrates ist genau so groß wie die Summe der Flächeninhalte der beiden Kathetenquadrate: $c^2 = a^2 + b^2$

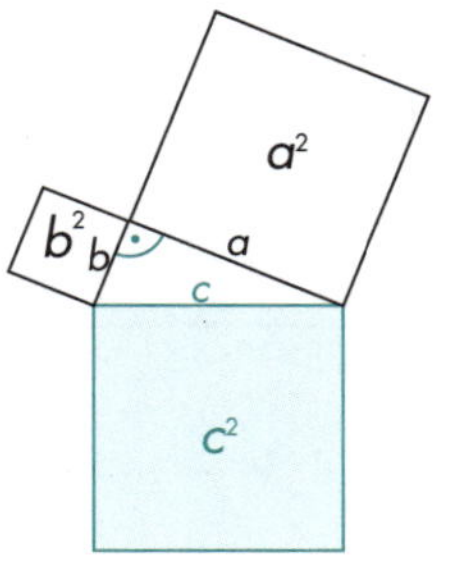

Beispiel
$a = 3$ cm; $b = 4$ cm; $\gamma = 90°$, gesucht: c
$c^2 = (3\text{ cm})^2 + (4\text{ cm})^2$
$c^2 = 25\text{ cm}^2$ $|\sqrt{}$
$c = 5$ cm

Umgekehrt gilt für jedes Dreieck ABC: Ist $c^2 = a^2 + b^2$, dann ist $\gamma = 90°$.

Beispiel
$a = 5$ cm; $b = 7$ cm; $c = 9$ cm
Ist $(9\text{ cm})^2 = (5\text{ cm})^2 + (7\text{ cm})^2$, dann ist $\gamma = 90°$
$81\text{ cm}^2 \neq 25\text{ cm}^2 + 49\text{ cm}^2$, also $\gamma \neq 90°$

Aufgabe 1

Gib für die nachstehenden Dreiecke jeweils den Satz des Pythagoras an.

a)

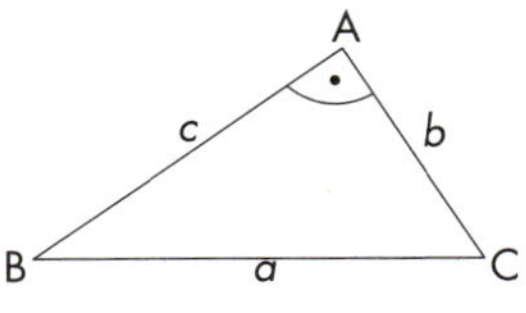

b)

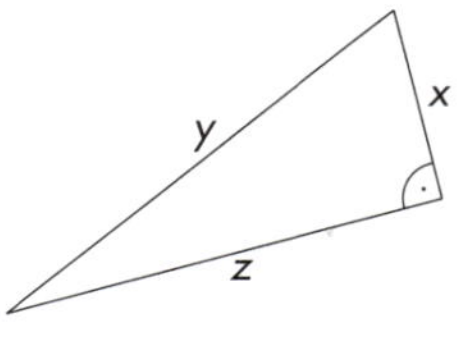

Aufgabe 2

Gegeben ist ein rechtwinkliges Dreieck ABC. Bestimme die Länge der Seite c.
a) $a = 6$ cm; $b = 8$ cm; $\gamma = 90°$
b) $a = 4{,}2$ m; $b = 6{,}3$ m; $\beta = 90°$
c) $b = 12{,}3$ dm; $a = 17{,}8$ dm; $\alpha = 90°$

Aufgabe 3

Sind diese Dreiecke rechtwinklig mit $\gamma = 90°$?
a) $a = 12$ mm; $b = 16$ mm; $c = 20$ mm
b) $a = 1{,}4$ cm; $b = 1{,}8$ cm; $c = 2{,}2$ cm

Kathetensatz des Euklid

In jedem rechtwinkligen Dreieck gilt:
Das Quadrat über einer Kathete hat denselben Flächeninhalt wie das Rechteck aus der Hypotenuse und dem zur Kathete gehörenden Hypotenusenabschnitt: $a^2 = c \cdot p$ und $b^2 = c \cdot q$

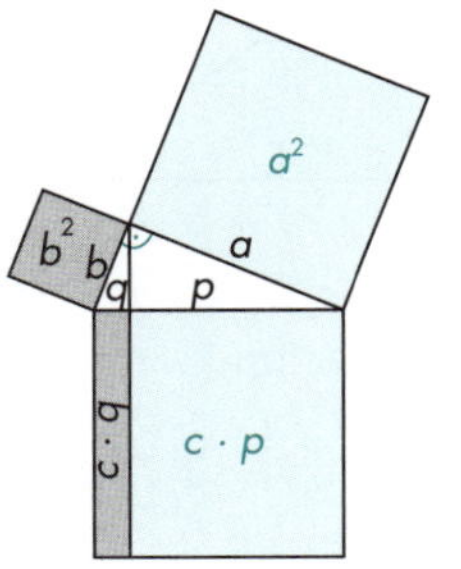

Beispiel
$c = 10$ dm; $p = 4$ dm, gesucht: q, a, b

$q = 10\text{ dm} - 4\text{ dm}$
$q = 6$ dm

$a^2 = 10\text{ dm} \cdot 4\text{ dm}$
$a^2 = 40\text{ dm}^2$ $|\sqrt{}$
$a = 6{,}32$ dm

$b^2 = 10\text{ dm} \cdot 6\text{ dm}$
$b^2 = 60\text{ dm}^2$ $|\sqrt{}$
$b = 7{,}75$ dm

Aufgabe 4

Gib für die nachstehenden Dreiecke jeweils die Kathetensätze an.

a)

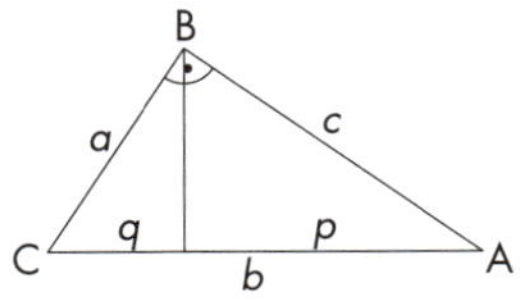

b)

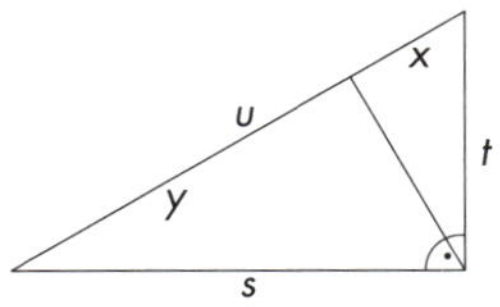

Aufgabe 5

Gegeben ist ein rechtwinkliges Dreieck ABC mit $\gamma = 90°$.
Bestimme die Länge aller fehlenden Seiten.

a) $p = 2{,}5$ cm; $q = 4{,}5$ cm
b) $p = 12$cm; $c = 19$ cm
c) $a = 0{,}6$ m; $p = 0{,}4$ m

Höhensatz des Euklid

In jedem rechtwinkligen Dreieck gilt:
Das Höhenquadrat hat denselben Flächeninhalt wie das Rechteck aus den beiden Hypotenusenabschnitten: $\boldsymbol{h^2 = p \cdot q}$

Beispiel
$p \;= 6$ mm; $q = 24$ mm, gesucht: h
$h^2 = 6 \text{ mm} \cdot 24 \text{ mm}$
$h^2 = 144 \text{ mm}^2 \quad |\sqrt{\;}$
$h \;= 12$ mm

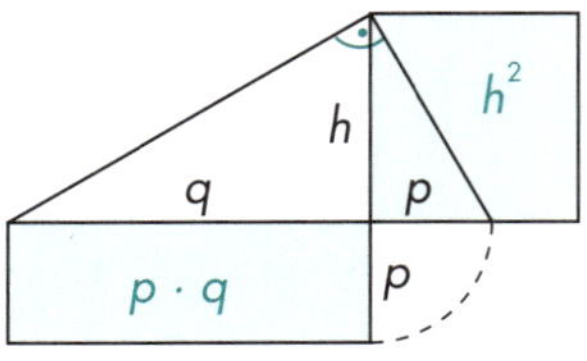

Aufgabe 6

Gib für die nachstehenden Dreiecke jeweils den Höhensatz an.

a)

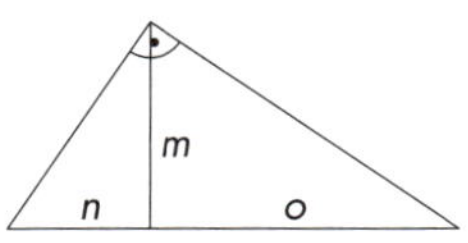

b)

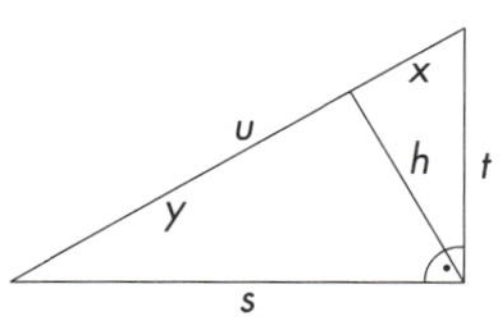

Aufgabe 7

Gegeben ist ein rechtwinkliges Dreieck ABC mit $\gamma = 90°$.
Bestimme die Länge der fehlenden Seiten (h, p, q).

a) $p = 2{,}5$ cm; $q = 4{,}5$ cm
b) $p = 12$ cm; $h = 19$ cm
c) $h^2 = 256 \text{ cm}^2$; $q = 8$ cm

Bist du fit? Teste dein Wissen!

Aufgabe 1

Gib für die folgende Figur …

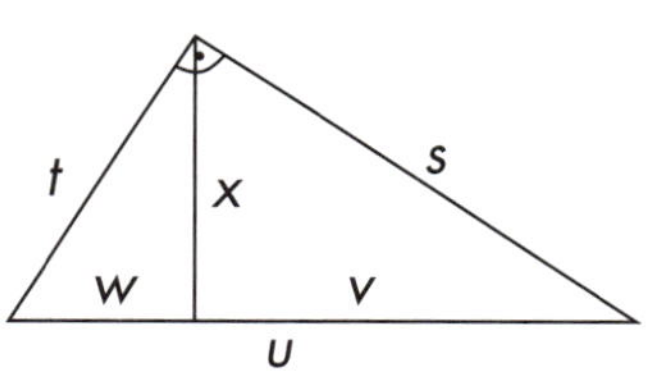

a) den Satz des Pythagoras,
b) die beiden Kathetensätze und
c) den Höhensatz an.

Aufgabe 2

Ein Feuerwehrauto steht in 12 m Entfernung von einem brennenden Haus. Die Drehleiter auf dem Dach des Feuerwehrwagens (Größe 3,20 m) wird 24 m ausgefahren.
Welche Höhe erreicht die Leiter an der Hauswand?

Aufgabe 3

Berechne den Flächeninhalt des Rechtecks.

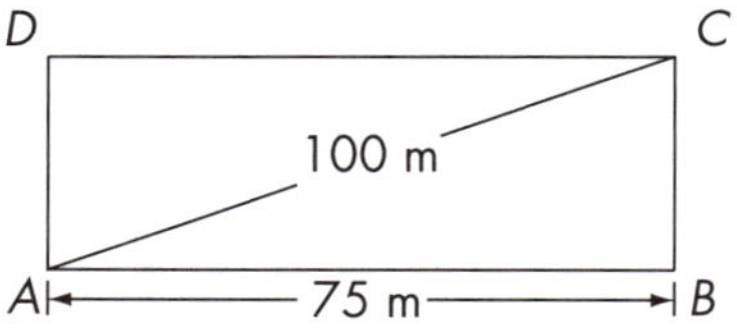

Aufgabe 4

Bestimme die Dachfläche des Turmdachs (Dachhöhe $h_k = 6$ m), das aus vier deckungsgleichen gleichschenkligen Dreiecken besteht (Grundseite $a = 8$ m).

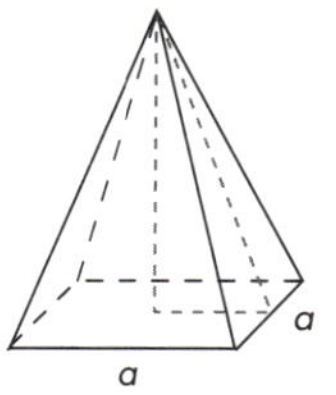

Aufgabe 5

Ist es möglich eine 6,30 m lange und 2,15 m breite rechteckige Tischplatte durch eine 2,10 m hohe und 90 cm breite Tür zu transportieren?

Aufgabe 6

Wie tief ist der Graben?

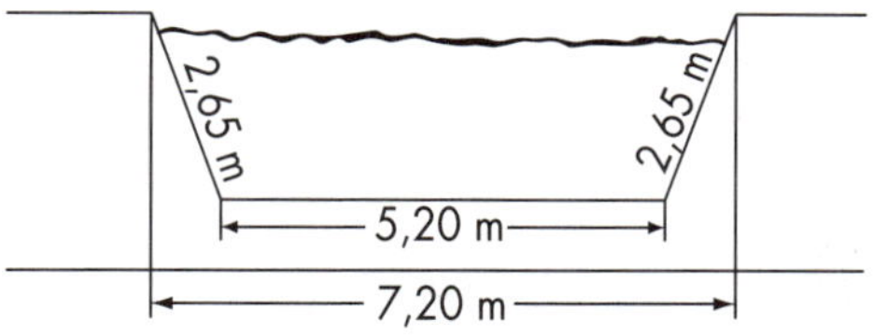

Aufgabe 7

Ein Kreiskegel hat folgende Abmessungen:
Durchmesser $d = 10$ dm, Seitenkante $s = 80$ cm.
Berechne die Höhe des Kegels.

Strahlensätze

1. Strahlensatz

Werden zwei Geraden mit dem Schnittpunkt S von zwei parallelen Geraden (nicht durch S) geschnitten, dann verhalten sich die Abschnitte auf der einen Geraden wie die entsprechenden Abschnitte auf der zweiten Geraden:

$\frac{|SA|}{|SB|} = \frac{|SA'|}{|SB'|}$ Ebenso gilt: $\frac{|SA|}{|AB|} = \frac{|SA'|}{|A'B'|}$

|SA|: Strecke mit den Endpunkten S und A

Beispiel
|SA| = 4 cm, |SB| = 6 cm, |SB'| = 3 cm
gesucht: |SA'|

$\frac{|SA|}{|SB|} = \frac{|SA'|}{|SB'|}$ | Einsetzen

$\frac{4\text{ cm}}{6\text{ cm}} = \frac{|SA'|}{3\text{ cm}}$ | · 3 cm

$|SA'| = \frac{4\text{ cm} \cdot 3\text{ cm}}{6\text{ cm}}$

$|SA'| = 2$ cm

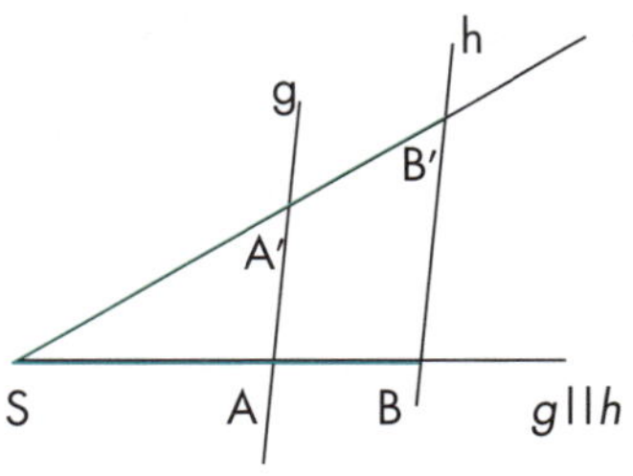

Aufgabe 1

Fülle die Lücken aus.

a) $\frac{s_1}{u} = \underline{\qquad}$

b) $\frac{t_1}{t_2} = \underline{\qquad}$

c) $\frac{\underline{\qquad}}{s_2} = \frac{v}{\underline{\qquad}}$

d) $\frac{\underline{\qquad}}{t_1} = \frac{u}{\underline{\qquad}}$

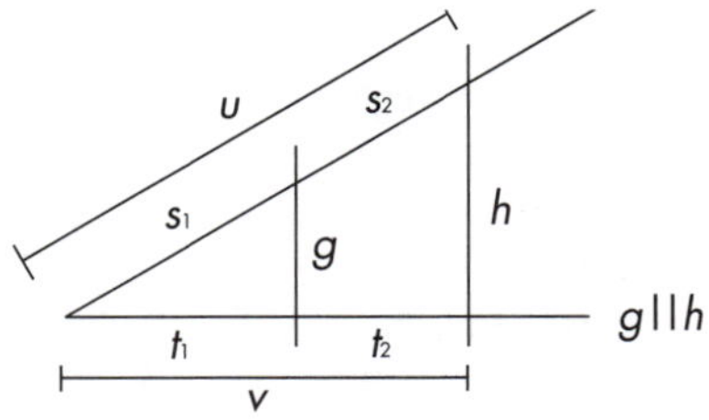

Aufgabe 2

Von den sechs Längen s_1, s_2, t_1, t_2, u und v sind drei gegeben. Berechne die übrigen.

a) $s_1 = 4$ cm
$u = 12$ cm
$t_1 = 3$ cm

b) $t_1 = 1{,}2$ mm
$t_2 = 2{,}4$ mm
$s_1 = 3{,}3$ mm

c) $t_2 = 5$ m
$v = 8$ m
$s_2 = 4$ m

d) $s_1 = 5{,}2$ dm
$t_2 = 1{,}2$ dm
$u = 6{,}4$ dm

2. Strahlensatz

Werden zwei Geraden mit dem Schnittpunkt S von zwei parallelen Geraden (nicht durch S) geschnitten, dann verhalten sich die Abschnitte auf einer Geraden wie die entsprechenden Abschnitte auf den beiden Parallelen:

$$\frac{|SA|}{|SB|} = \frac{|AA'|}{|BB'|} \text{ und } \frac{|SA'|}{|SB'|} = \frac{|AA'|}{|BB'|}$$

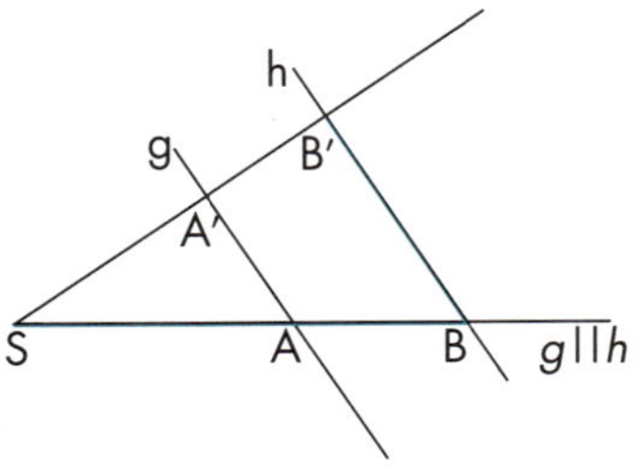

Beispiel
$|SA| = 4$ cm, $|SB| = 6$ cm, $|SB'| = 3$ cm, $|AA'| = 6$ cm
gesucht: $|BB'|$, $|SA'|$

$\frac{|SA|}{|SB|} = \frac{|AA'|}{|BB'|}$ | Einsetzen

$\frac{4\text{ cm}}{6\text{ cm}} = \frac{6\text{ cm}}{|BB'|}$ | T

$|BB'| = \frac{6\text{ cm} \cdot 6\text{ cm}}{4\text{ cm}}$ | T

$|BB'| = 9$ cm

$\frac{|SA'|}{|SB'|} = \frac{|AA'|}{|BB'|}$ | Einsetzen

$\frac{|SA'|}{3\text{ cm}} = \frac{6\text{ cm}}{9\text{ cm}}$ | T

$|SA'| = \frac{6\text{ cm} \cdot 3\text{ cm}}{9\text{ cm}}$ | T

$|SA'| = 2$ cm

Aufgabe 3

Fülle die Lücken aus.

a) $\frac{s_1}{u} = \frac{}{}$

b) $\frac{t_1}{} = \frac{w_1}{}$

c) $\frac{}{w_1} = \frac{u}{}$

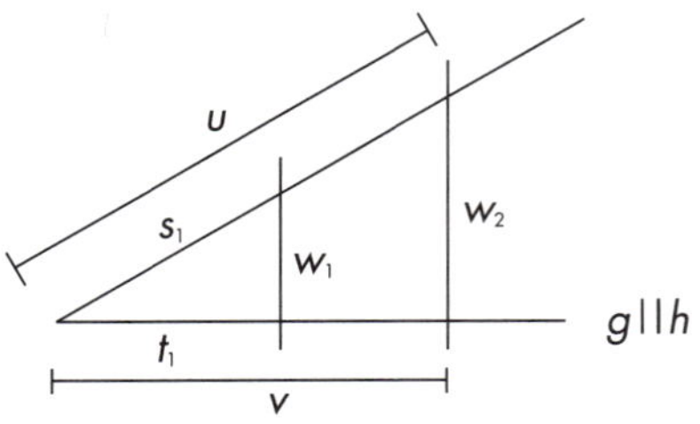

Aufgabe 4

Von den sechs Längen s_1, u, t_1, v, w_1 und w_2 sind vier gegeben. Berechne die übrigen.

a) $s_1 = 6$ cm
$u = 18$ cm
$t_1 = 3$ cm
$w_1 = 2$ cm

b) $t_1 = 1{,}2$ mm
$w_1 = 2{,}4$ mm
$w_2 = 3{,}6$ mm
$u = 4{,}8$ mm

c) $t_1 = 6$ m
$v = 8$ m
$w_2 = 4$ m
$u = 6$ m

Bist du fit? Teste dein Wissen!

Aufgabe 1

Für den Bau neuer Parkwege müssen Strecken abgemessen werden. Ein Teich hindert an dem direkten Messen der Strecke $|AB|$. Bestimme sie mithilfe der Strahlensätze und folgender Längenangaben: $|AC| = 1\,200$ m, $|CE| = 120$ m, $|BD| = 150$ m.

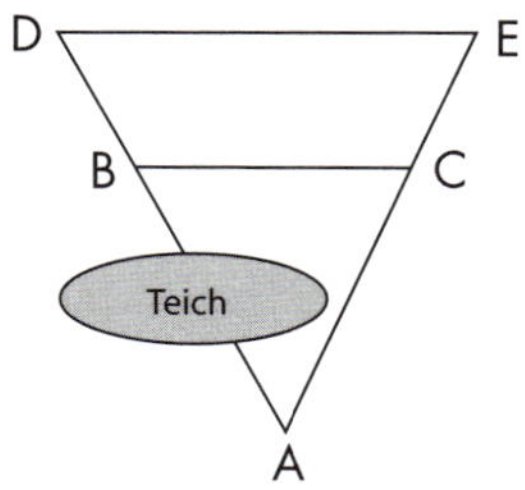

Aufgabe 2

Peter möchte wissen, wie hoch der Burgturm seiner Stadt ist. Er stellt fest, dass die Schattenlänge des Turmes 76 m beträgt. Zur selben Zeit wirft er (Peter ist 1,80 m groß) einen Schatten von 4 m Länge. Wie hoch ist der Turm?

Aufgabe 3

Berechne die Höhe des gesamten Sektglases, wenn der Fuß 90 mm lang ist und $r_1 = 70$ mm, $r_2 = 35$ mm und die Flüssigkeitshöhe h 40 mm beträgt.
Wie viel Milliliter Flüssigkeit befinden sich in dem Sektglas?

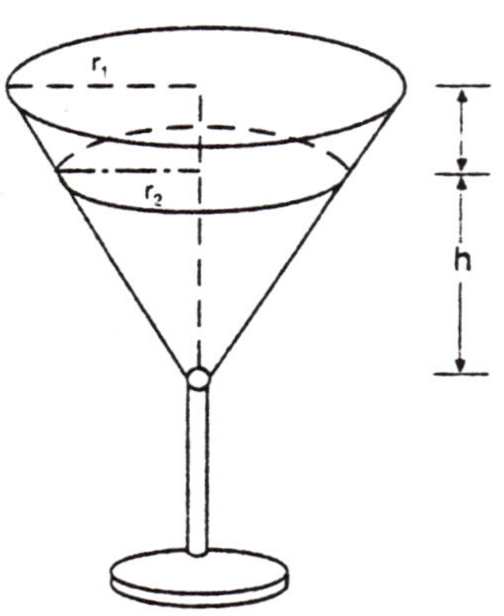

Aufgabe 4

Um die Breite eines Flusses zu bestimmen, hat man die angegebenen Strecken gemessen. Wie breit ist der Fluss?

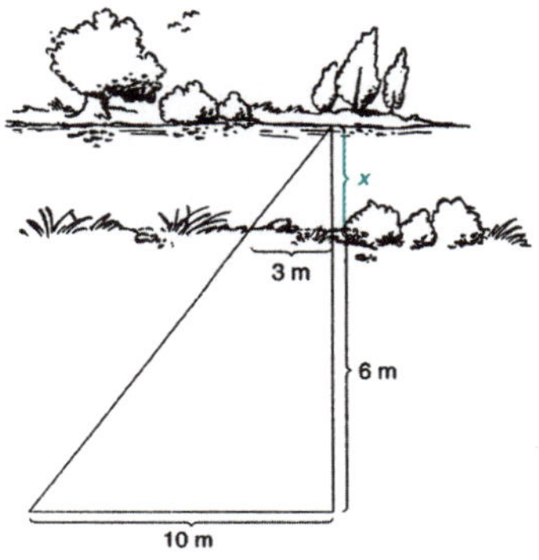

Aufgabe 5

Über den See soll eine Brücke gebaut werden. Bestimme ihre Mindestlänge.

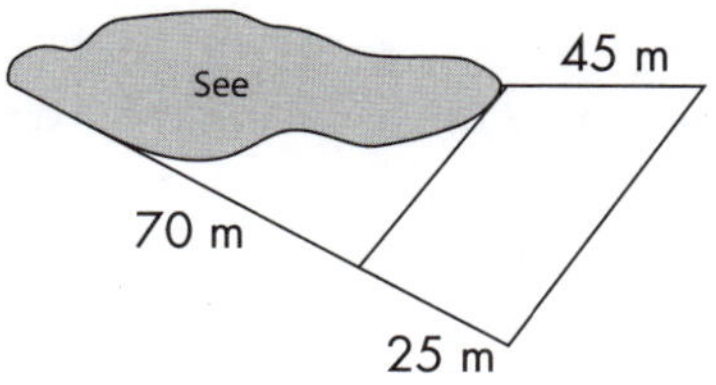

Oberfläche und Volumen

Würfel

$O = 6 \cdot a^2$ $\qquad V = a^3$

Beispiel
$a = 3$ cm
$O = 6 \cdot (3\text{ cm})^2 = 6 \cdot 9\text{ cm}^2 = 54\text{ cm}^2$
$V = (3\text{ cm})^3 = 27\text{ cm}^3$

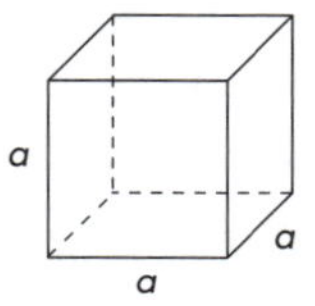

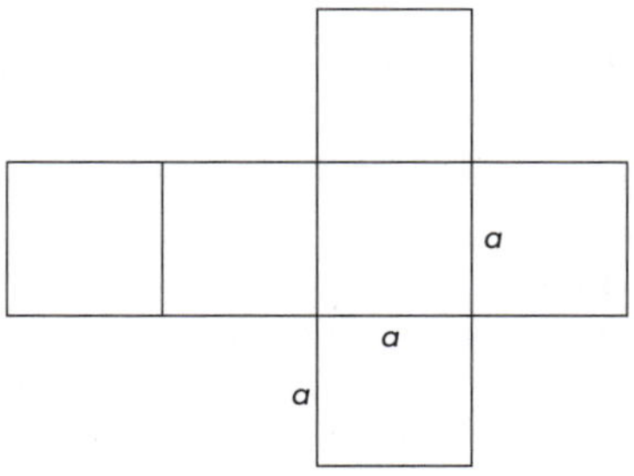

Aufgabe 1

Berechne Oberfläche und Volumen des Würfels.
a) $a = 9$ cm b) $a = 2{,}2$ dm c) $a = 4{,}25$ m

Aufgabe 2

Berechne die Kantenlänge a des Würfels.
a) $O = 54\text{ cm}^2$ b) $O = 7{,}2\text{ dm}^2$ c) $V = 64\text{ m}^3$

Quader

$O = 2 \cdot a \cdot b + 2 \cdot b \cdot c + 2 \cdot a \cdot c$
$\ \ = 2\,(a \cdot b + b \cdot c + a \cdot c)$ $\qquad V = a \cdot b \cdot c$

Beispiel
$a = 3$ cm; $b = 4$ cm; $c = 5$ cm
$O = 2\,(3\text{ cm} \cdot 4\text{ cm} + 4\text{ cm} \cdot 5\text{ cm} + 3\text{ cm} \cdot 5\text{ cm}) = 94\text{ cm}^2$
$V = 3\text{ cm} \cdot 4\text{ cm} \cdot 5\text{ cm} = 60\text{ cm}^3$

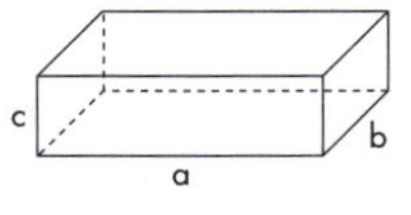

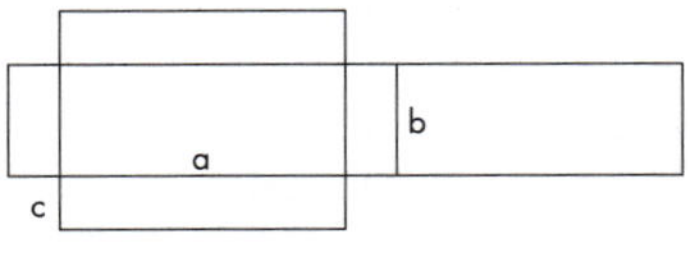

Aufgabe 3

Berechne Oberfläche und Volumen des Quaders.
a) $a = 9$ cm, $b = 8$ cm, $c = 7$ cm
b) $a = 5{,}2$ dm, $b = 4{,}8$ dm, $c = 6{,}8$ dm

Aufgabe 4

Berechne fehlende Größen (a, b, c, O, V).
a) $a = 10$ cm, $b = 20$ cm, $V = 400\text{ cm}^3$
b) $b = 5$ dm, $c = 7$ dm, $O = 246\text{ dm}^2$

Themen

Prisma

$O = 2 \cdot G + M$
$= 2 \cdot G + U_G \cdot h_k$

$V = G \cdot h_k$

Beispiel
G = Dreieck mit $a = 4$ dm, $b = 6$ dm, $c = 7$ dm,
$h_a = 6{,}5$ dm; $h_k = 10$ dm
$O = 2 \cdot \frac{4\text{ dm} \cdot 6{,}5\text{ dm}}{2} + (4\text{ dm} + 6\text{ dm} + 7\text{ dm}) \cdot 10\text{ dm}$
$= 196\text{ dm}^2$
$V = \frac{4\text{ dm} \cdot 6{,}5\text{ dm}}{2} \cdot 10\text{ dm} = 130\text{ dm}^3$

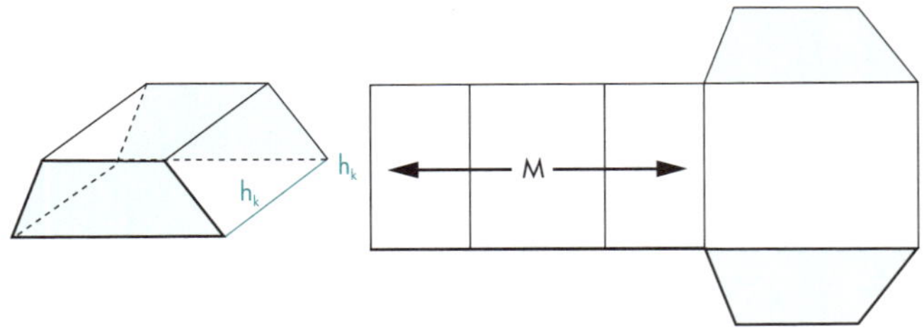

Aufgabe 5

Berechne Oberfläche und Volumen des Prismas.
a) $G =$ Dreieck mit $a = b = c = 6$ cm; $h_a = 5{,}2$ cm; $h_k = 8$ cm
b) $G =$ Trapez mit $a = 6$ mm; $b = 4{,}5$ mm; $c = 4$ mm;
$d = 3{,}5$ mm; $h = 3$ mm; $h_k = 7{,}2$ mm
c) $G =$ Parallelogramm mit $a = 2{,}5$ m; $b = 3{,}8$ m; $h_a = 2$ m;
$h_k = 1{,}8$ m

Aufgabe 6

Berechne fehlende Größen des Prismas.
a) G = Dreieck mit $a = 5$ cm; c = 6 cm; $h_a = 8$ cm; $h_k = 3$ cm;
$O = 10\text{ cm}^2$
b) G = Rechteck mit $a = 7$ dm; $b = 11$ dm; $V = 693\text{ dm}^3$

Zylinder

$O = 2 \cdot G + M$
$= 2 \cdot G + U_G \cdot h_k$
$= 2 \cdot \pi \cdot r^2 + 2 \cdot \pi \cdot r \cdot h_k$

$V = G \cdot h_k$
$= \pi \cdot r^2 \cdot h_k$

Beispiel
$r = 4$ dm; $h_k = 6$ dm
$O = 2 \cdot \pi \cdot (4\text{ dm})^2 + 2 \cdot \pi \cdot (4\text{ dm}) \cdot 6\text{ dm} = 251{,}33\text{ dm}^2$
$V = \pi \cdot (4\text{ dm})^2 \cdot 6\text{ dm} = 301{,}593\text{ dm}^3$

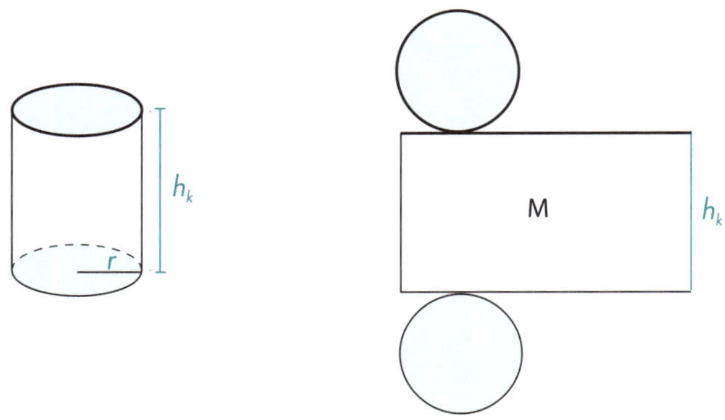

Aufgabe 7

Berechne Oberfläche und Volumen des Zylinders.
a) $r = 2$ cm; $h_k = 3$ cm
b) $r = 8{,}6$ dm; $h_k = 4{,}8$ dm
c) $r = 1$ m; $h_k = 1$ m

Aufgabe 8

Berechne fehlende Größen des Zylinders (r, h_k, O, V).
a) $r = 7$ cm; $V = 615{,}752\text{ cm}^3$
b) $h_k = 5{,}2$ dm; $V = 250\text{ dm}^3$
c) $r = 3{,}5$ m; $O = 246\text{ m}^2$

Kegel

$O = G + M = \pi \cdot r^2 + \pi \cdot r \cdot s$
$V = \frac{1}{3} \cdot G \cdot h_k = \frac{1}{3} \cdot \pi \cdot r^2 \cdot h_k$

Beispiel
$r = 4$ dm; $h_k = 6$ dm; $s = 7{,}2$ dm
$O = \pi \cdot (4\text{ dm})^2 + \pi \cdot (4\text{ dm}) \cdot 7{,}2\text{ dm} = 140{,}74\text{ dm}^2$
$V = \frac{1}{3} \cdot \pi \cdot (4\text{ dm})^2 \cdot 6\text{ dm} = 100{,}531\text{ dm}^3$

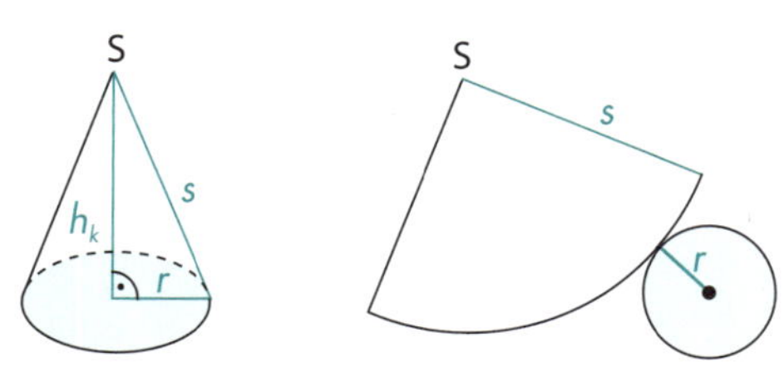

Aufgabe 9

Berechne Oberfläche und Volumen des Kegels.
a) $r = 3$ cm; $s = 9$ cm; $h_k = 8$ cm
b) $r = 14$ cm; $s = 49$ cm; $h_k = 41$ cm

Aufgabe 10

Berechne fehlende Größen des Kegels (s, h_k, V, O).
a) $r = 6$ cm; $h_k = 8$ cm; $s = 7$ cm
b) $d = 18$ cm; $s = 41$ cm; $V = 3\,817$ cm³
c) $r = 9$ cm; $V = 400$ cm³; $O = 354$ cm²

Kegelstumpf

$$O = G_1 + G_2 + M = \pi \cdot r_1^2 + \pi \cdot r_2^2 + \pi \cdot s \cdot (r_1 + r_2) =$$
$$\pi \cdot [r_1^2 + r_2^2 + s \cdot (r_1 + r_2)]$$
$$V = \frac{1}{3} \cdot \pi \cdot h_k \cdot (r_1^2 + r_1 \cdot r_2 + r_2^2)$$

Beispiel
$r_1 = 8$ cm; $r_2 = 6$ cm; $h_k = 4$ cm; $s = 4{,}5$ cm
$O_K = \pi \cdot [(8\text{ cm})^2 + (6\text{ cm})^2 + 4{,}5\text{ cm} \cdot (8\text{ cm} + 6\text{ cm})]$
$= 512{,}08\text{ cm}^2$
$V = \frac{1}{3} \cdot \pi \cdot 4\text{ cm} \cdot [(8\text{ cm})^2 + 8\text{ cm} \cdot 6\text{ cm} + (6\text{ cm})^2]$
$= 619{,}941\text{ cm}^3$

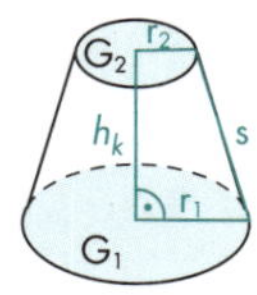

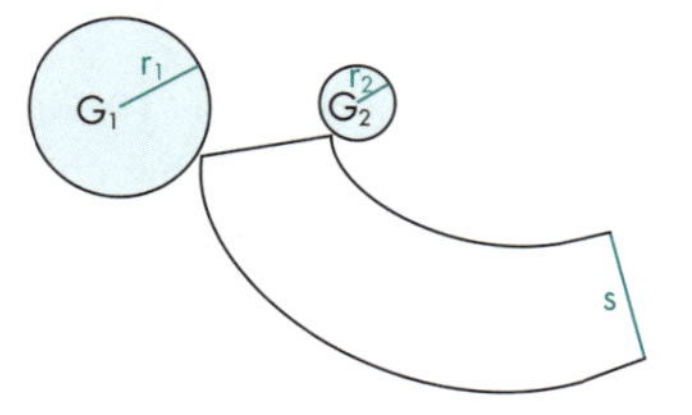

Aufgabe 11

Berechne Oberfläche und Volumen des Kegelstumpfes.
a) $r_1 = 4$ cm; $r_2 = 3$ cm; $h_k = 2$ cm; $s = 2{,}25$ cm
b) $r_1 = 8{,}6$ dm; $r_2 = 5{,}2$ dm; $h_k = 4{,}8$ dm; $s = 5{,}5$ dm

Aufgabe 12

Berechne fehlende Größen des Kegelstumpfes (h_k, s, O, V).
a) $r_1 = 12$ cm; $r_2 = 7$ cm; $s = 20$ cm; $V = 5\,221{,}33$ cm³
b) $r_1 = 4$ m; $r_2 = 2$ m; $O = 157{,}08$ m²; $h_k = 6$ m

Pyramide

Pyramide allgemein: $O = G + M$ $\quad V = \frac{1}{3} \cdot G \cdot h_k$

quadratische Pyramide: $O = a^2 + 2 \cdot a \cdot h_s$ $\quad V = \frac{1}{3} \cdot a^2 \cdot h_k$

Beispiel
Quadratische Pyramide mit
$a = 5{,}6$ cm; $h_k = 4{,}6$ cm; $h_s = 5{,}4$ cm
$O = (5{,}6\text{ cm})^2 + 2 \cdot 5{,}6\text{ cm} \cdot 5{,}4\text{ cm} = 91{,}84\text{ cm}^2$
$V = \frac{1}{3} \cdot (5{,}6\text{ cm})^2 \cdot 4{,}6\text{ cm} = 48{,}085\text{ cm}^3$

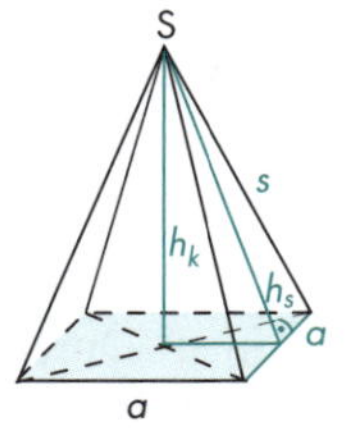

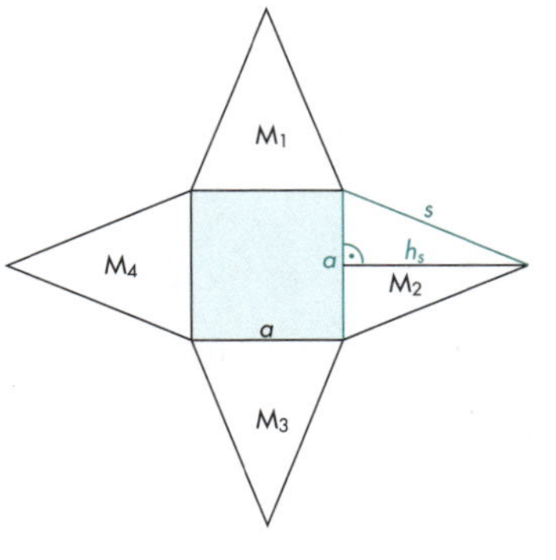

Aufgabe 13

Berechne Oberfläche und Volumen der quadratischen Pyramide.
a) $a = 9{,}2$ cm; $h_s = 8{,}7$ cm; $h_k = 6{,}3$ cm
b) $a = 7{,}9$ cm; $h_s = 6{,}5$ cm; $h_k = 4{,}2$ cm

Aufgabe 14

Berechne fehlende Größen der quadratischen Pyramide (a, h_k, h_s, V, O).
a) $h_k = 7$ cm; $V = 364{,}58$ cm³; $O = 390{,}75$ cm²
b) $a = 22{,}4$ cm; $O = 1\,366{,}4$ cm²; $h_k = 17{,}3$ cm

Pyramidenstumpf

$O = G_1 + G_2 + M$ $\quad V = \frac{1}{3} \cdot h_k \cdot (G_1 + G_2 + \sqrt{G_1 \cdot G_2})$

quadratischer Pyramidenstumpf:

$O = a_1^2 + a_2^2 + 2\,(a_1 + a_2) \cdot h_s$ $\quad V = \frac{1}{3} \cdot h_k \cdot (a_1^2 + a_2^2 + a_1 \cdot a_2)$

Beispiel
Quadratischer Pyramidenstumpf mit $a_1 = 6$ dm;
$a_2 = 4$ dm; $h_k = 5$ dm; $h_s = 4{,}8$ cm
$O = (6\text{ dm})^2 + (4\text{ dm})^2 + 2 \cdot (6\text{ cm} + 4\text{ cm}) \cdot 4{,}8\text{ cm}$
$= 148\text{ dm}^2$
$V = \frac{1}{3} \cdot 5\text{ dm} \cdot [(6\text{ dm})^2 + (4\text{ dm})^2 + 6\text{ dm} \cdot 4\text{ dm}]$
$= 126{,}667\text{ dm}^3$

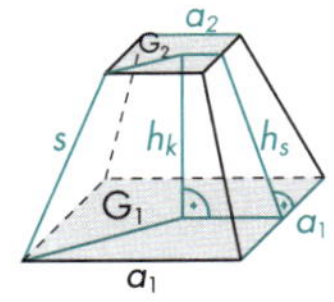

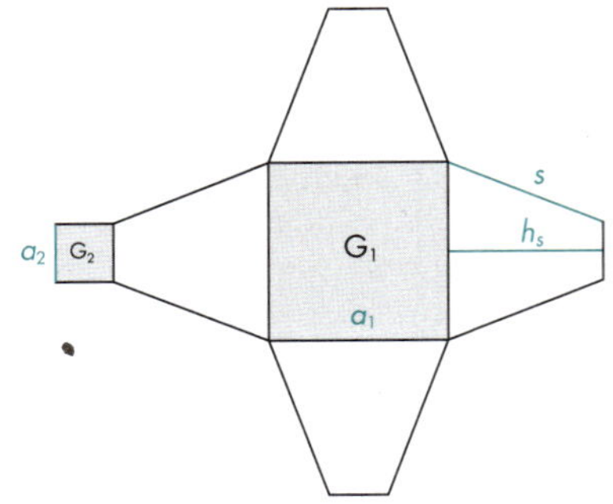

Aufgabe 15

Berechne Oberfläche und Volumen des quadratischen Pyramidenstumpfes.
a) $a_1 = 12$ cm; $a_2 = 8$ cm; $h_k = 10{,}3$ cm; $h_s = 12{,}3$ cm
b) $a_1 = 7$ cm; $a_2 = 3$ cm; $h_k = 5{,}2$ cm; $h_s = 6{,}2$ cm
c) $a_1 = 32{,}6$ cm; $a_2 = 24{,}75$ cm; $h_k = 74{,}2$ cm; $h_s = 76{,}5$ cm

Kugel

$O = 4 \cdot \pi \cdot r^2$　　　　$V = \frac{4}{3} \cdot \pi \cdot r^3$

Beispiel
$r = 9$ cm
$O = 4 \cdot \pi \cdot (9\text{ cm})^2 = 1\,017{,}88\text{ cm}^2$
$V = \frac{4}{3} \cdot \pi \cdot (9\text{ cm})^3 = 3\,053{,}628\text{ cm}^3$

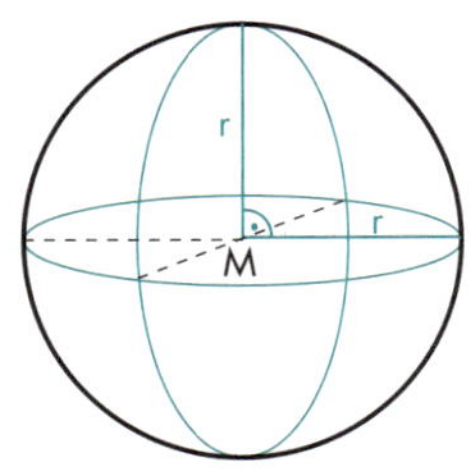

Aufgabe 16

Berechne Oberfläche und Volumen der Kugel.
a) $r = 8$ cm　b) $r = 2{,}2$ cm　c) $r = 4{,}25$ cm

Aufgabe 17

Berechne den Radius der Kugel.
a) $O = 54\text{ cm}^2$　b) $O = 7{,}2\text{ dm}^2$　c) $V = 64\text{ cm}^3$

Bist du fit? Teste dein Wissen!

Aufgabe 1

In einem zylinderförmigen Blechbehälter mit einem Durchmesser von 50 cm und einer Höhe von 30 cm werden 20 l Wasser eingefüllt.
a) Wie hoch steht das Wasser im Behälter?
b) Wie viel Flüssigkeit fasst der Behälter insgesamt?

Aufgabe 2

Ein Deich soll mit Sand aufgeschüttet werden:
Der Deich mit einem trapezförmigen Querschnitt soll eine Länge von insgesamt 8 km haben.
Am Fußpunkt ist der Damm 30 m breit. Oben auf der Deichkrone ist er 18 m breit.
Die Höhe des Deiches beträgt 12 m. Wie viel Kubikmeter Erde müssen herantransportiert werden?

Aufgabe 3

Eine Getränkepackung mit einer quadratischen Grundfläche ist 20 cm hoch. Das Fassungsvermögen beträgt 1,5 l.
Wie groß ist die Kantenlänge der Grundfläche?

Aufgabe 4

Ein Bagger hat auf einer Baustelle einen Kegel aus Kies aufgeschüttet. Der Kegel hat einen Durchmesser von $d = 6$ m, die Seitenlinie s ist 5 m lang.
Wie oft muss ein 20-t-LKW fahren, um den Kies abzutransportieren, wenn 1 m^3 Kies 1,8 t wiegt?
Tipp: Mach dir eine Skizze! Nutze den Satz des Pythagoras!

Aufgabe 5

Ein Beach-Volleyball hat einen Durchmesser von 22 cm.
Wie viel Quadratzentimeter Leder werden für die Herstellung des Balles benötigt (ohne Verschnitt)?

Aufgabe 6

Das Becken eines Freibades ist 50 m lang, 20 m breit und 1,90 m tief.
a) Wie viel Liter Wasser fasst das Becken?
b) Berechne die Kosten einer Komplettfüllung, wenn pro Kubikmeter Wasser 0,80 € bezahlt werden müssen.

Aufgabe 7

Das Gestell einer Tischlampe hat die Form eines Kegelstumpfes. Oben hat es einen Durchmesser von 15 cm, unten von 28 cm. Die Seitenlinie *s* ist 25 cm lang. Oben und unten ist der Lampenschirm offen. Wie viel Quadratzentimeter Lampenschirmbezug werden zum Bespannen benötigt?

Trigonometrie

Grundlagen

Sinus, Kosinus und Tangens am Einheitskreis
Als Einheitskreis bezeichnet man einen Kreis, der den Radius $r = 1$ Längeneinheit hat.
Am Einheitskreis kann man die Sinus- und Kosinuswerte für den Winkel α ablesen. Dabei ist $\sin \alpha$ der Wert der y-Koordinate von P und $\cos \alpha$ der Wert der x-Koordinate von P.

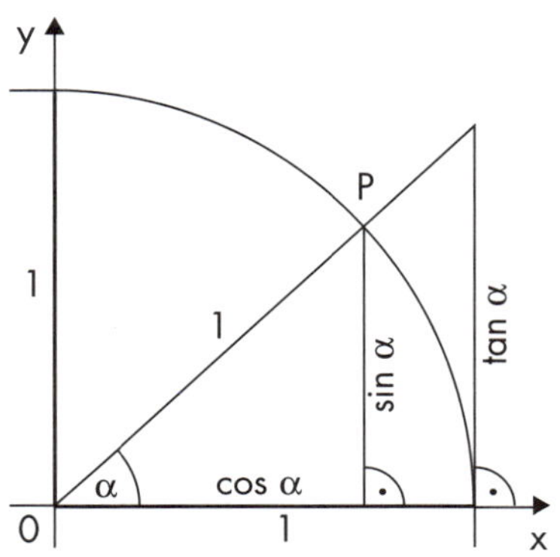

Es gelten folgende Beziehungen:

$\sin \alpha = \cos (90° - \alpha)$

$\cos \alpha = \sin (90° - \alpha)$

$\tan \alpha = \frac{\sin \alpha}{\cos \alpha}, \alpha \neq 90°, 270°$

$(\sin \alpha)^2 + (\cos \alpha)^2 = 1$

Besondere Werte:

α	0°	90°	180°	270°	360°
$\sin \alpha$	0	1	0	−1	0
$\cos \alpha$	1	0	−1	0	1
$\tan \alpha$	0	nicht def.	0	nicht def.	0

Trigonometrische Funktionen $y = \sin \alpha$ und $y = \cos \alpha$

Die Funktion mit der Gleichung $y = \sin \alpha$ heißt **Sinusfunktion**.

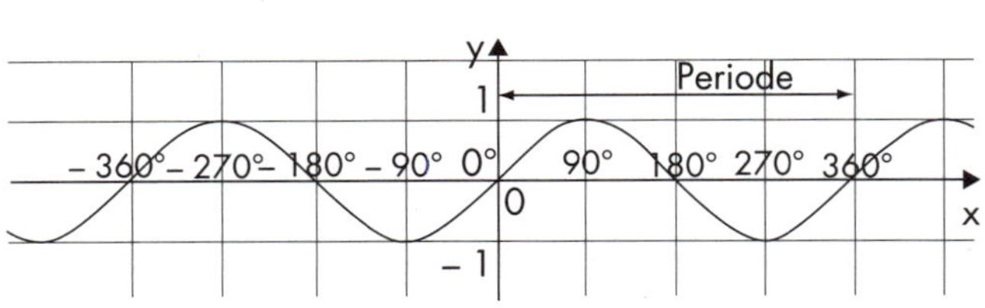

Für alle Winkelgrößen gilt:
$\sin (\alpha + 360°) = \sin \alpha$
$\sin (\alpha - 360°) = \sin \alpha$
$\sin (-\alpha) = -\sin \alpha$

Die Funktion mit der Gleichung $y = \cos \alpha$ heißt **Kosinusfunktion**.

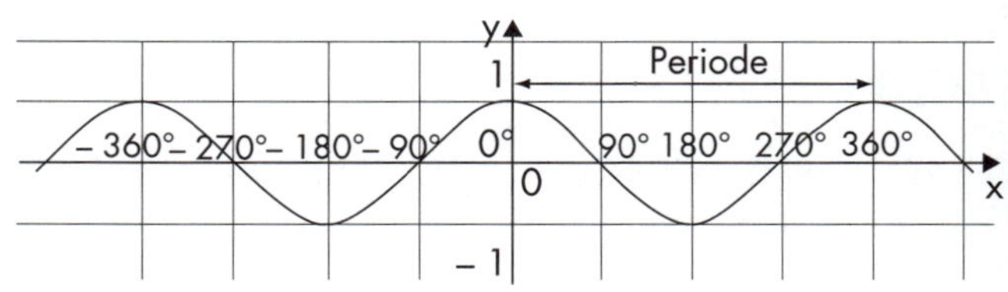

Für alle Winkelgrößen gilt:
$\cos (\alpha + 360°) = \cos \alpha$
$\cos (\alpha - 360°) = \cos \alpha$
$\cos (-\alpha) = -\cos \alpha$

Trigonometrie am rechtwinkligen Dreieck

In einem rechtwinkligen Dreieck bezeichnet man die Kathete, die einem spitzen Winkel gegenüberliegt, als Gegenkathete zu diesem Winkel. Die dem Winkel anliegende Kathete bezeichnet man als Ankathete des Winkels.

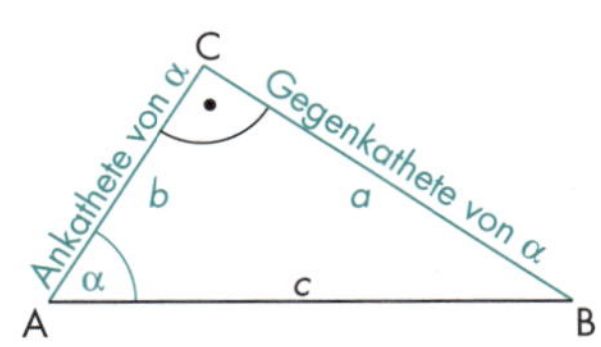

Im rechtwinkligen Dreieck ABC ($\gamma = 90°$) gehören zu einem bestimmten Winkel eindeutig bestimmte Seitenverhältnisse, mit deren Hilfe man fehlende Winkel oder Seiten eines rechtwinkligen Dreiecks berechnen kann:

$$\text{Sinus eines Winkels} = \frac{\text{Gegenkathete des Winkels}}{\text{Hypotenuse}}$$

hier: $\sin \alpha = \frac{a}{c}$; $\sin \beta = \frac{b}{c}$

$$\text{Kosinus eines Winkels} = \frac{\text{Ankathete des Winkels}}{\text{Hypotenuse}}$$

hier: $\cos \alpha = \frac{b}{c}$; $\cos \beta = \frac{a}{c}$

$$\text{Tangens eines Winkels} = \frac{\text{Gegenkathete des Winkels}}{\text{Ankathete des Winkels}}$$

hier: $\tan \alpha = \frac{a}{b}$; $\tan \beta = \frac{b}{a}$

Beispiel
gegeben: $\gamma = 90°$; $\alpha = 53{,}1°$; $c = 10$ cm
gesucht: β, a, b

Winkelsumme im Dreieck = 180°, daher gilt: $\beta = 180° - 90° - 53{,}1° = 36{,}9°$

$\sin(53{,}1°) = \frac{a}{10\text{ cm}} \quad | \cdot 10\text{ cm}$
$a = \sin(53{,}1°) \cdot 10\text{ cm}$
$a = 8\text{ cm}$

$\cos(53{,}1°) = \frac{b}{10\text{ cm}} \quad | \cdot 10\text{ cm}$
$b = \cos(53{,}1°) \cdot 10\text{ cm}$
$b = 6\text{ cm}$

Beziehungen zwischen den Winkelfunktionen

$\sin\alpha = \cos(90° - \alpha)$ $\qquad$ $\cos\alpha = \sin(90° - \alpha)$

$\tan\alpha = \frac{\sin\alpha}{\cos\alpha}, \alpha \neq 90°, 270°$ $\qquad$ $(\sin\alpha)^2 + (\cos\alpha)^2 = 1$

$\sin 0° = \cos 90° = \tan 0°$ $\qquad$ $\sin 90° = \cos 0° = 1$

Aufgabe 1

Gib zu folgendem Dreieck die Längenverhältnisse für Sinus, Kosinus und Tangens an.

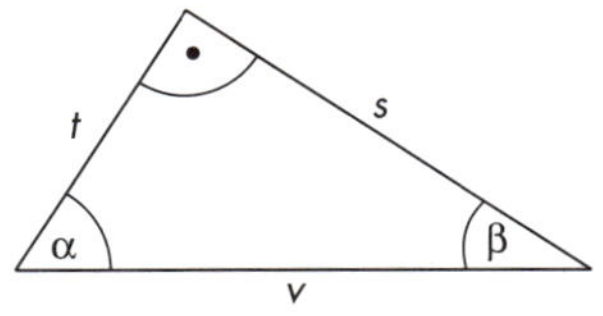

Aufgabe 2

Berechne fehlende Seiten und Winkel des rechtwinkligen Dreiecks ($\gamma = 90°$).

a) $\alpha = 45°$; $c = 6$ cm
b) $\beta = 30°$; $c = 5$ dm
c) $\alpha = 53°$; $a = 3{,}5$ cm
d) $\beta = 72°$; $a = 27$ mm

Beliebige Dreiecke

Sinussatz für beliebige Dreiecke
In jedem beliebigen Dreieck verhalten sich die Längen zweier Seiten wie die Sinuswerte der gegenüberliegenden Winkel.

hier: $\frac{\sin\alpha}{\sin\beta} = \frac{a}{b}$; $\frac{\sin\beta}{\sin\gamma} = \frac{b}{c}$; $\frac{\sin\gamma}{\sin\alpha} = \frac{c}{a}$

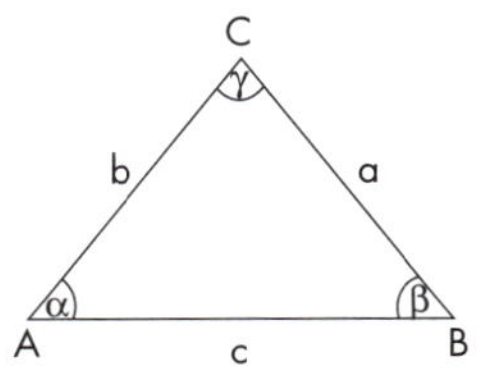

Beispiel
gegeben: $\alpha = 70°$; $\beta = 50°$; $b = 6{,}2$ cm
gesucht: γ, a, c

Winkelsumme im Dreieck = 180°, daher gilt: $\gamma = 180° - (70° + 50°) = 60°$

$\frac{\sin(70°)}{\sin(50°)} = \frac{a}{6{,}2\text{ cm}} \quad | \cdot 6{,}2\text{ cm}$
$a = \frac{\sin(70°)}{\sin(50°)} \cdot 6{,}2\text{ cm}$
$a = 7{,}6\text{ cm}$

$\frac{\sin(60°)}{\sin(70°)} = \frac{c}{7{,}6\text{ cm}} \quad | \cdot 7{,}6\text{ cm}$
$c = \frac{\sin(60°)}{\sin(70°)} \cdot 7{,}6\text{ cm}$
$c = 7\text{ cm}$

Aufgabe 3

Gib zu dem folgenden Dreieck den Sinussatz für alle Seiten bzw. Winkel an.

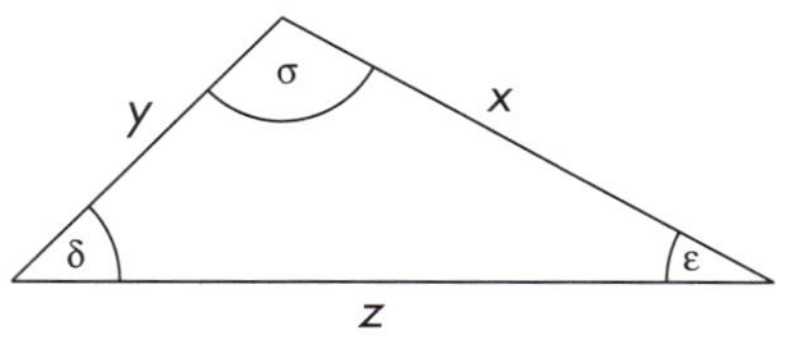

Aufgabe 4

Berechne fehlende Seiten und Winkel des Dreiecks.

a) $\alpha = 47°$, $\beta = 26°$, $a = 5$ cm
b) $\alpha = 10°$, $\gamma = 60°$, $c = 1{,}25$ m
c) $\beta = 30°$, $b = 4{,}2$ dm, $c = 7$ dm

Kosinussatz für beliebige Dreiecke

In jedem beliebigen Dreieck ist das Quadrat über einer Seite gleich der Summe der Quadrate über den beiden anderen Seiten, vermindert um das doppelte Produkt aus diesen Seiten und dem Kosinus des eingeschlossenen Winkels.

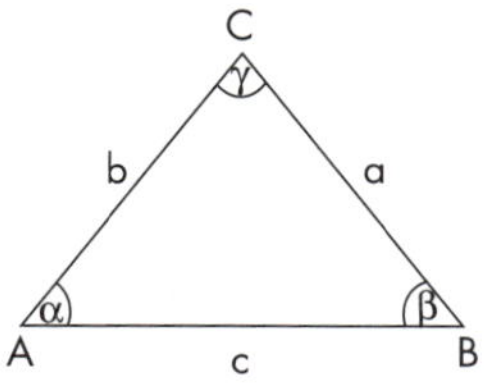

hier: $b^2 + c^2 - 2bc \cdot \cos\alpha = a^2$
$c^2 + a^2 - 2ca \cdot \cos\beta = b^2$
$a^2 + b^2 - 2ab \cdot \cos\gamma = c^2$

Beispiel
gegeben: $\alpha = 70°$; $b = 6{,}2$ cm; $c = 7$ cm
gesucht: β, γ, a

$a^2 = (6{,}2\text{ cm})^2 + (7\text{ cm})^2 - 2 \cdot 6{,}2\text{ cm} \cdot 7\text{ cm} \cdot \cos 70°$
$a^2 = 57{,}75\text{ cm}^2$ $\quad|\sqrt{\ }$
$a = 7{,}6$ cm

$(7\text{ cm})^2 + (7{,}6\text{ cm})^2 - 2 \cdot 7\text{ cm} \cdot 7{,}6\text{ cm} \cdot \cos\beta = (6{,}2\text{ cm})^2$
$\cos\beta = 0{,}642$ $\quad|\cos^{-1}$
$\beta = 50°$

Winkelsumme im Dreieck = 180°,
daher gilt: $\gamma = 180° - (70° + 50°) = 60°$

Aufgabe 5

Gib zu dem folgenden Dreieck den Kosinussatz für alle Seiten bzw. Winkel an.

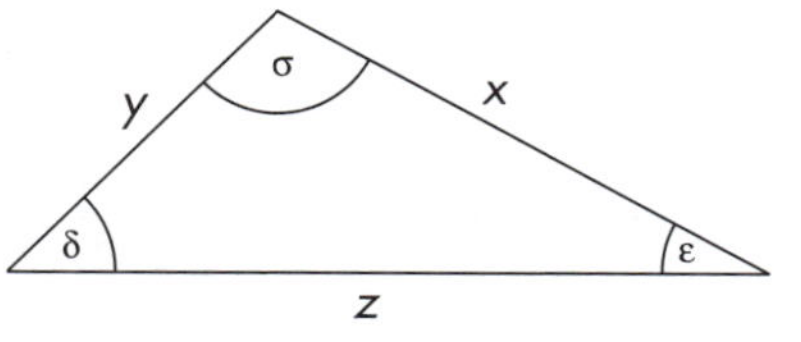

Aufgabe 6

Berechne fehlende Seiten und Winkel des Dreiecks.

a) $\gamma = 45°$
$a = 7$ cm
$b = 4$ cm

b) $\beta = 112°$
$a = 8{,}8$ mm
$c = 4{,}9$ mm

c) $\gamma = 8{,}1°$
$a = 1{,}25$ m
$b = 3{,}28$ m

d) $a = 4{,}2$ dm
$b = 3{,}4$ dm
$c = 2{,}6$ dm

Themen

Bist du fit? Teste dein Wissen!

Aufgabe 1

Ein Sendeturm wirft einen Schatten von 96 m Länge. Die Sonnenstrahlen treffen in einem Winkel von 39° auf den Erdboden. Wie hoch ist der Sendeturm?

Aufgabe 2

Eine Schaukel (Gerüststreben 3,20 m) wird mit einem Öffnungswinkel von $\gamma = 50°$ auf einer waagerechten Fläche aufgestellt.

a) Wie hoch reicht das Schaukelgerüst?
b) Wie weit stehen die Fußpunkte der Schaukel auseinander?

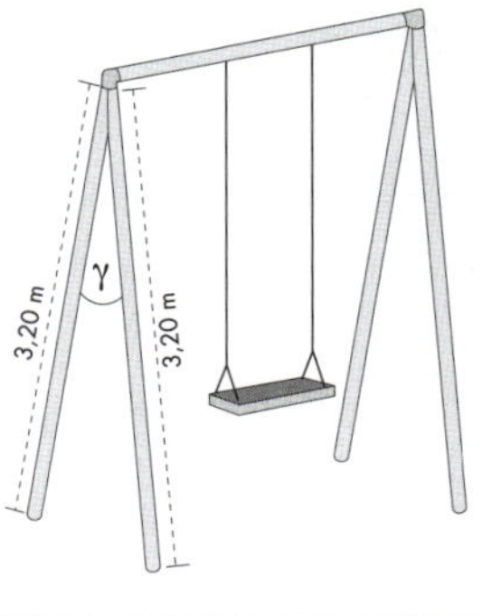

Aufgabe 3

Berechne alle fehlenden Seiten und Winkel der Figur.

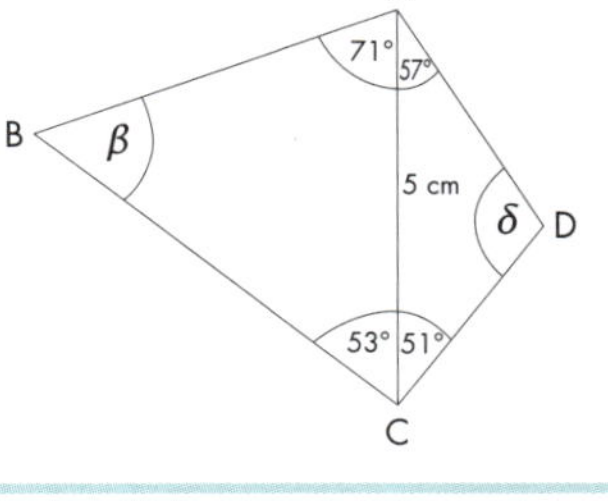

Aufgabe 4

Berechne fehlende Seiten und Winkel des Dreiecks. Gib auch den Umfang und den Flächeninhalt an.

a) $a = 6$ cm; $b = 8{,}5$ cm; $\gamma = 50°$
b) $b = 9{,}3$ mm; $c = 11{,}2$ mm; $\alpha = 73°$
c) $a = 110$ m; $b = 69$ m; $c = 48$ m

Aufgabe 5

Peter lässt seinen Drachen steigen. Die 52,9 m lange Drachenschnur ist straff gespannt und bildet mit dem Erdboden einen Winkel von 60°. Wie hoch steht der Drachen wirklich?

Aufgabe 6

Berechne die Höhe des Silos.

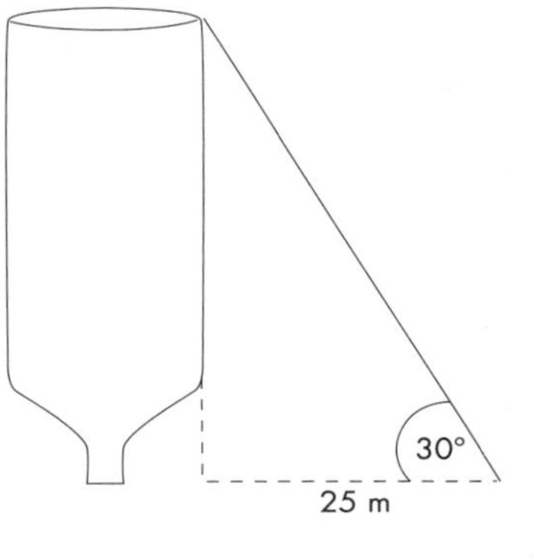

Aufgabe 7

Der Fähranleger D wird von drei Ortschaften aus angefahren.

a) Berechne die Länge der jeweiligen Fahrstrecken ($|AD|$, $|BD|$, $|CD|$), wenn $|AB| = 4{,}8$ km.

b) Berechne die Entfernung zwischen den Ortschaften B und C.

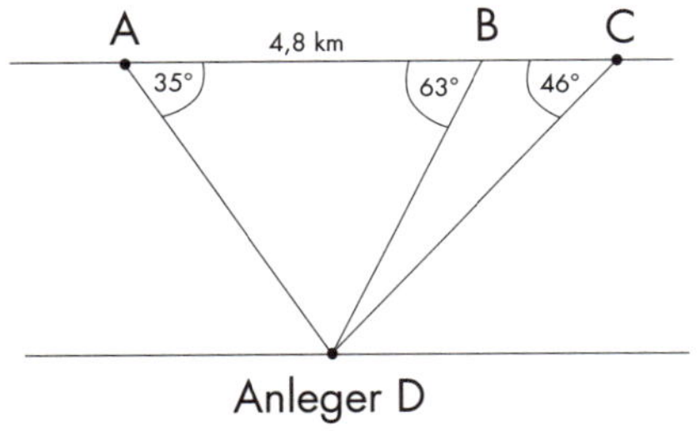

Aufgabe 8

Durch eine trapezförmige Grünanlage soll ein Weg angelegt werden.

a) Wie lang wird der Weg?

b) Berechne die Winkel α, β und γ.

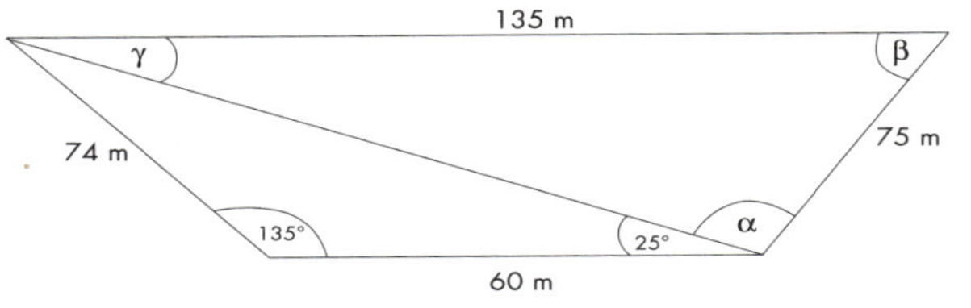

Potenzen und Wurzeln

Potenzbegriff

Produkte aus gleichen Faktoren lassen sich als Potenzen schreiben. ***x*** bezeichnet man als **Basis** (Grundzahl) und ***m*** als **Exponent** (Hochzahl):

Für $m \in \mathbb{N}$ gilt: $x^m = \underbrace{x \cdot x \cdot \ldots \cdot x}_{\text{m Faktoren}}$

Bsp.: $2^3 = 2 \cdot 2 \cdot 2 = 8 \qquad (-4)^3 = (-4) \cdot (-4) \cdot (-4) = -64$

Für $m \in 0$ gilt: $x^m = \underbrace{\frac{1}{x} \cdot \frac{1}{x} \cdot \ldots \cdot \frac{1}{x}}_{\text{m Faktoren}}$

Bsp.: $2^{-3} = \left(\frac{1}{2}\right)^3 = \frac{1}{2} \cdot \frac{1}{2} \cdot \frac{1}{2} = \frac{1}{8}$

Für $m = 0$ gilt: $x^m = 1$

Bsp.: $5^0 = 1$

Aufgabe 1

a) Berechne:
7^3; 2^8; 5^{-5}; $(-2)^4$; $(-3)^{-4}$; $(-3)^5$; $\left(\frac{2}{3}\right)^2$

b) Schreibe als Potenz:
$6 \cdot 6 \cdot 6$; $(-0{,}5) \cdot (-0{,}5) \cdot (-0{,}5)$; 81; $\frac{1}{8}$; $\frac{144}{169}$; $8 \cdot 8^2$; $0{,}25$

Aufgabe 2

Vergleiche (> < =)

a) 4^3 ☐ $4 \cdot 3$

b) 5^2 ☐ $5 \cdot 2$

c) 9^4 ☐ $9 \cdot 4$

d) 3^3 ☐ 3^{-3}

e) $\left(\frac{1}{3}\right)^3$ ☐ $\left(\frac{1}{3}\right)^4$

Potenzgesetze

1. Man multipliziert bzw. dividiert Potenzen mit gleicher Basis, indem man die Exponenten addiert bzw. subtrahiert und die Basis beibehält.

a) $x^m \cdot x^n = x^{m+n}$, für $x \neq 0$

b) $\frac{x^m}{x^n} = x^{m-n}$, für $x \neq 0$

Beispiel

a) $2^3 \cdot 2^2 = 2^{3+2} = 2^5$ b) $\frac{2^4}{2^2} = 2^{4-2} = 2^2$

2. Man multipliziert bzw. dividiert Potenzen mit gleichem Exponenten, indem man die Basen multipliziert bzw. dividiert und den Exponenten beibehält.

a) $x^m \cdot y^m = (x \cdot y)^m$ für $x \neq 0, y \neq 0$

b) $\frac{x^m}{y^m} = \left(\frac{x}{y}\right)^m$, $x \neq 0, y \neq 0$

Beispiel

a) $25^6 \cdot 12^6 = (5 \cdot 12)^6 = 60^6$ b) $\frac{15^3}{3^3} = 5^3$

3. Man potenziert Potenzen, indem man die Exponenten multipliziert. Die Basis bleibt gleich.

$(x^m)^n = x^{m \cdot n}$ für $x \neq 0$

Beispiel

$(2^4)^2 = 2^{4 \cdot 2} = 2^8 \qquad (10^{-3})^3 = 10^{-3 \cdot 3} = 10^{-9} = \left(\frac{1}{10}\right)^9$

Aufgabe 3

Forme um.

a) $20^5 \cdot 20^3$

b) $2^{-4} \cdot 2^{-3} \cdot 2^2$

c) $(-4)^5 \cdot (-4)$

d) $\left(\frac{3}{4}\right)^2 \cdot \left(\frac{3}{4}\right)^3$

e) $2 \cdot 3a \cdot a^4$

f) $\frac{10^7}{10^4}$

g) $\frac{(-7)^7}{(-7)^5}$

h) $\frac{12x^9}{6x^7}$

i) $\frac{(x-y)^5}{(x-y)^3}$

j) $\frac{c^{4x+3y}}{c^{3x+2y}}$

Aufgabe 4

Forme um.

a) $3^{-5} \cdot 2^{-5}$

b) $(-25)^3 \cdot (-4)^3$

c) $a^5 \cdot b^5$

d) $3^x \cdot 4^x \cdot 5^x$

e) $m^z \cdot n^z \cdot o^z$

f) $\left(\frac{2}{5}\right)^4 \cdot \left(\frac{10}{4}\right)^4$

g) $\frac{48^4}{24^4}$

h) $\frac{(-35)^3}{(-7)^3}$

i) $\frac{x^6}{y^6}$

j) $\frac{200x^2}{25y^2}$

Aufgabe 5

Forme um.

a) $(4^2)^4$

b) $(0{,}2^2)^{-3}$

c) $\left(\left(\frac{1}{2}\right)^5\right)^3$

d) $(y^a)^b$

e) $\left(\left(\frac{xy}{z}\right)^5\right)^3$

f) $(3^2a^mb^n)^3$

Wurzelbegriff

Das Wurzelziehen (Radizieren) ist eine Umkehrung des Potenzierens. Durch Wurzelziehen ermittelt man die Basis einer Potenz. Mit $\sqrt[n]{x}$ (zu lesen: n-te Wurzel aus x) bezeichnet man diejenige Zahl, die mit n potenziert x ergibt, also:
$(\sqrt[n]{x})^n = x$ (für $x > 0$, $n \in \mathbb{N}$).

Des Weiteren gilt: $x^{\frac{m}{n}} = \sqrt[n]{x^m}$

Beispiel

$(\sqrt[3]{8})^3 = 8$ $\quad (\sqrt[12]{25})^{12} = 25$ $\quad (\sqrt[5]{a})^5 = a$

$4^{\frac{2}{3}} = \sqrt[3]{4^2}$ $\quad a^{\frac{3}{4}} = \sqrt[4]{a^3}$

Für $n = 2$ erhalten wir als Sonderfall einer n-ten Wurzel die **Quadratwurzel:** $\sqrt{4} = 2$, $\sqrt{9} = 3$

Wurzelgesetze

1. Man zieht aus einem Produkt die Wurzel, indem man aus jedem Faktor die Wurzel zieht und diese Ergebnisse multipliziert.
$\sqrt[n]{x \cdot y} = \sqrt[n]{x} \cdot \sqrt[n]{y}$, für $x > 0$ und $y > 0$

Beispiel

$\sqrt[3]{a \cdot b} = \sqrt[3]{a} \cdot \sqrt[3]{b}$ $\quad \sqrt[3]{8 \cdot 27} = \sqrt[3]{8} \cdot \sqrt[3]{27}$

$\sqrt[2]{144} = \sqrt[2]{9 \cdot 16} = \sqrt[2]{9} \cdot \sqrt[2]{16}$

2. Man zieht aus einem Bruch die Wurzel, indem man aus dem Zähler und dem Nenner jeweils die Wurzel zieht und die Ergebnisse dividiert.
$\sqrt[n]{\frac{x}{y}} = \frac{\sqrt[n]{x}}{\sqrt[n]{y}}$, für $x > 0$ und $y > 0$

Beispiel

$\sqrt[2]{\frac{a}{b}} = \frac{\sqrt[2]{a}}{\sqrt[2]{b}}$ $\quad \sqrt[2]{\frac{25}{36}} = \frac{\sqrt[2]{25}}{\sqrt[2]{36}}$

$\sqrt[4]{\frac{16}{81}} = \frac{\sqrt[4]{16}}{\sqrt[2]{81}}$ $\quad \frac{\sqrt[3]{64}}{\sqrt[3]{125}} = \sqrt[3]{\frac{64}{125}}$

3. Man zieht aus einer Wurzel die Wurzel, indem man die Wurzelexponenten (n, m) multipliziert und danach die Wurzel zieht.
$\sqrt[m]{\sqrt[n]{x}} = \sqrt[m \cdot n]{x}$, für $x > 0$

Beispiel

$\sqrt[3]{\sqrt[4]{b}} = \sqrt[3 \cdot 4]{b} = \sqrt[12]{b}$ $\quad \sqrt[3]{\sqrt[2]{64}} = \sqrt[3 \cdot 2]{64} = \sqrt[6]{64}$

$\sqrt[5]{\sqrt[2]{x^{10}}} = \sqrt[5 \cdot 2]{x^{10}} = \sqrt[10]{x^{10}}$

Aufgabe 6

Forme um und berechne, falls möglich.

a) $\sqrt{27} \cdot \sqrt{3}$

b) $\sqrt{0{,}3} \cdot \sqrt{1{,}2}$

c) $\sqrt{40} \cdot \sqrt{3} \cdot \sqrt{2{,}7}$

d) $\sqrt{20} : \sqrt{5}$

e) $\sqrt{0{,}8} : \sqrt{0{,}2}$

f) $\sqrt{147} : \sqrt{3}$

g) $\sqrt{30} : \sqrt{1{,}2}$

h) $\sqrt{\frac{4}{5}} \cdot \sqrt{80}$

i) $\sqrt{\frac{75x^3y^5}{32z}} \cdot \sqrt{\frac{z}{6xy^3}}$

j) $\sqrt{\frac{5a^3b^2}{6xy}} \cdot \sqrt{\frac{21x^3y^5}{40a}}$

k) $\sqrt[3]{\sqrt[3]{512}}$

l) $\sqrt[5]{\sqrt[4]{1}}$

Themen

Bist du fit? Teste dein Wissen!

Aufgabe 1

Forme um und berechne.

a) $st^2 \cdot s^2 t \cdot st$

b) $2{,}4r^4 \cdot 5r^2$

c) $(-15d^4e^2f^3) \cdot \left(-\frac{2}{5}d^2ef\right)$

d) $\frac{u^5v^6}{u^3v^4}$

e) $\frac{4x^9}{8x^6}$

f) $\frac{36e^x \cdot 12e^y}{144e^x \cdot e^{y-2}}$

Aufgabe 2

Forme um.

a) $6^4 \cdot 0{,}5^4 \cdot 3^4$

b) $\left(\frac{1}{6}\right)^3 \cdot 9^3 \cdot 2^3$

c) $(-2)^{m+1} \cdot (-5)^{m+1}$

d) $\frac{(yz)^4}{y^6}$

e) $\left(\frac{14a \cdot 2b}{9xy}\right)^4 \cdot \left(\frac{3xy}{7ab}\right)^4$

Aufgabe 3

Forme um.

a) $(1^7)^5$

b) $(m^{a+1})^5$

c) $((-4)^6)^0$

d) $(k^{2a})^{3b}$

e) $\sqrt{\frac{400}{441}}$

f) $\sqrt{\frac{169}{324}}$

g) $\sqrt{27} \cdot \sqrt{3}$

h) $\sqrt{\frac{4}{5}} \cdot \sqrt{80}$

i) $2^{\frac{1}{3}} \cdot 2^{\frac{1}{3}}$

j) $\left(a^{\frac{1}{2}}\right)^6$

k) $\frac{\sqrt[3]{t^7}}{t}$

l) $\left(e^{\frac{4}{3}}\right)^{\frac{3}{8}}$

m) $\left(\frac{1}{4}\right)^{\frac{1}{2}} \cdot \left(\frac{1}{4}\right)^{\frac{2}{3}}$

n) $\frac{a^{\frac{5}{8}}}{a^{\frac{3}{8}}}$

o) $\left(x^{\frac{5}{4}} \cdot y^{\frac{6}{5}}\right)^{\frac{4}{3}}$

p) $\sqrt{147} : \sqrt{3}$

q) $\sqrt{\frac{45x^4y^7}{20z}} \cdot \sqrt{\frac{z^3}{6xy^5}}$

r) $\sqrt{\frac{12a^6b^5}{8xy}} \cdot \sqrt{\frac{28x^3y^3}{40a}}$

Potenzfunktionen

Die Funktionen $y = x^2$ und $y = x^3$

Der Funktionsgraph zu $y = x^2$ ist eine zur y-Achse achsensymmetrische Parabel. Für $x \leq 0$ fällt sie, für $x > 0$ steigt sie. Der Scheitelpunkt S hat die Koordinaten S(0; 0).

x	$y = x^2$
–3	9
–2	4
–1	1
0	0
1	1
2	4
3	9

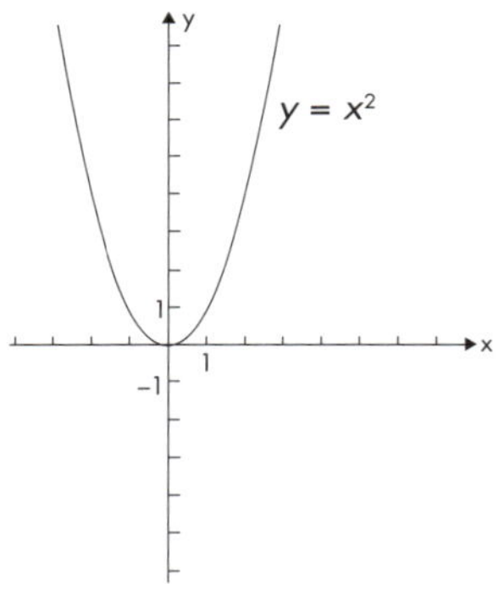

Der Funktionsgraph zu $y = x^3$ ist eine zum Ursprung (0; 0) punktsymmetrische Wendeparabel. Sie ist steigend für alle x-Werte. Der Graph verläuft durch den Ursprung (0; 0).

x	$y = x^3$
–3	–27
–2	–8
–1	–1
0	0
1	1
2	8
3	27

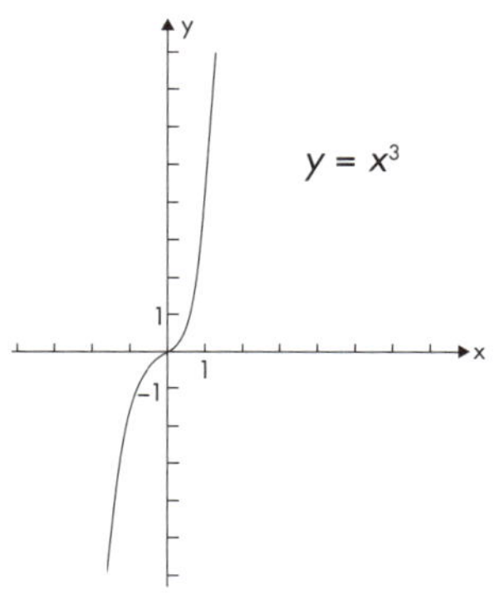

Aufgabe 1

Berechne den y-Wert zur Funktion f mit $y = x^3$:

a) $x = 4$ b) $x = 4{,}5$ c) $x = -1{,}2$ d) $x = \frac{1}{2}$

Aufgabe 2

Welche der Punkte gehören zum Funktionsgraphen G_{f1} ($y = x^2$) bzw. G_{f2} ($y = x^3$)? Überprüfe rechnerisch.
$P_1(0; 0)$; $P_2(3; 27)$; $P_3(-2; 4)$; $P_4(-2; 8)$; $P_5(-10; -1\,000)$

$y = x^n$, $n \in N$

Die Graphen von Potenzfunktionen mit **geraden** Exponenten ($y = x^2$, $y = x^4$, $y = x^6$ ...) sind immer Parabeln, die achsensymmetrisch zur y-Achse sind. Der Scheitelpunkt ist S(0; 0). Weitere gemeinsame Punkte sind A(-1; 1) und B(1; 1).

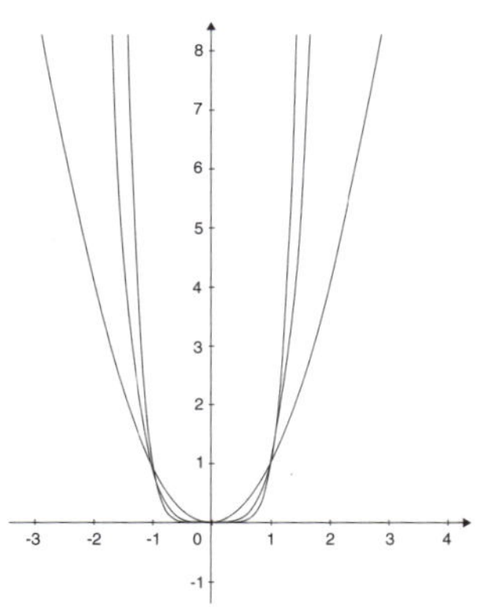

Die Graphen von Potenzfunktionen mit **ungeraden** Exponenten ($y = x^1$, $y = x^3$, $y = x^5$ ...) sind immer Wendeparabeln, die punktsymmetrisch zum Ursprung (0; 0) sind. Weitere gemeinsame Punkte sind C(–1; –1) und D(1; 1).

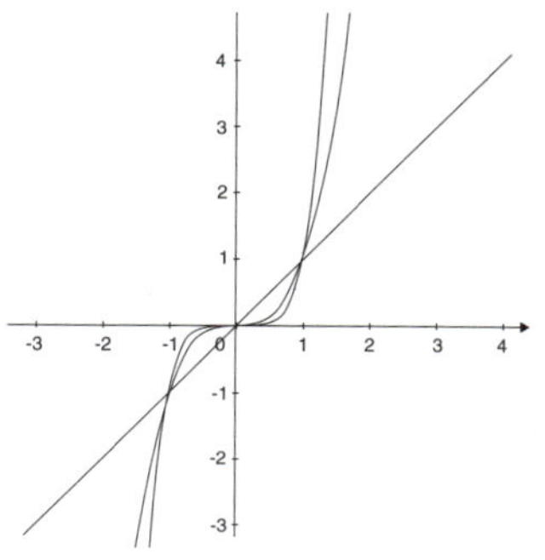

Aufgabe 3

Berechne den y-Wert zur Funktion f mit $y = x^5$:

a) $x = 2$ b) $x = 1{,}5$ c) $x = -2{,}5$ d) $x = \frac{1}{4}$

Aufgabe 4

Welche der Punkte gehören zum Funktionsgraphen zu G_{f1} ($y = x^5$) bzw. G_{f2} ($y = x^4$)? Überprüfe rechnerisch.
$P_1(1; 1)$; $P_2(-1; 1)$; $P_3(-3; -243)$; $P_4(-2; 16)$; $P_5(-10; 100\,000)$

Bist du fit? Teste dein Wissen!

Aufgabe 1

Zeichne die Funktionsgraphen. Beschreibe, wie sie sich vom Graphen der Funktion $y = x^2$, $y = x^3$, $y = x^4$ oder $y = x^5$ unterscheiden.

a) $y = x^2 + 2$
b) $y = x^3 - 1$
c) $y = (x + 2)^2$
d) $y = (x + 2)^3$
e) $y = x^5 + 2$
f) $y = (x - 2)^4$

Aufgabe 2

Berechne die fehlende Koordinate, sodass der Punkt auf dem Funktionsgraphen liegt.

a) $y = x^4$; $P_1(2;\ \ )$
b) $y = x^5$; $P_2(-2;\ \ )$
c) $y = x^3$; $P_3(\ \ ; -27)$
d) $y = x^4$; $P_4(\ \ ; 16)$

Aufgabe 3

Berechne die Seitenlänge des Würfels, mit

a) $V = 1\ \text{cm}^3$
b) $V = 64\ \text{cm}^3$
c) $V = 3{,}375\ \text{cm}^3$
d) $V = 729\ \text{cm}^3$.

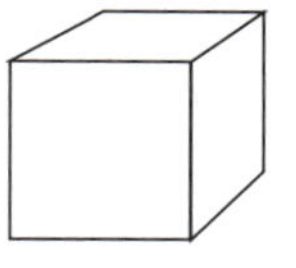

Themen

Exponentialfunktionen und Logarithmus

Exponentielles Wachstum

Beim exponentiellen Wachstum vervielfacht sich eine Größe c in gleich großen Abschnitten immer mit dem gleichen Wachstumsfaktor a. Die Größe c wächst in x Abschnitten auf das a^x-fache des Anfangswertes.

Beispiel
Eine Bakterienkultur verdoppelt sich pro Monat. Zu Beginn deckt sie eine Fläche von 1 cm² ab.
Wie groß ist sie nach 1, 2, 3 … 20 Monaten?

Anzahl Monate	Flächengröße der Bakterienkultur in cm²
	1
1	$1 \cdot 2 = 2$
2	$1 \cdot 2 \cdot 2 = 1 \cdot 2^2 = 4$
3	$1 \cdot 2 \cdot 2 \cdot 2 = 1 \cdot 2^3 = 8$
⋮	⋮
20	$1 \cdot 2 \cdot 2 \cdot 2 \cdot 2 \cdot 2 \ldots = 1 \cdot 2^{20} = 1\,048\,576$

Aufgabe 1

Oma Alma möchte einer Spendenorganisation Geld zukommen lassen. Sie macht zwei Angebote:

A: Ich spende insgesamt 15 Monate lang. Im ersten Monat spende ich 10 €, im zweiten Monat 15 €, im nächsten Monat 20 € …

B: Ich spende insgesamt 15 Monate lang. Im ersten Monat 4 ct, im zweiten Monat 8 ct, im nächsten Monat 16 ct ...

a) Für welches Angebot sollte sich die Spendenorganisation entscheiden? Lege eine Tabelle an.
b) Notiere für beide Angebote eine Funktionsgleichung (y = Spendenbeitrag, x = Monat).

Exponentielle Abnahme

Bei der exponentiellen Abnahme halbiert, drittelt … sich eine Größe c in gleich großen Abschnitten mit dem gleichen Abnahmefaktor a. Die Größe c fällt in x Abschnitten auf das a^x-fache des Anfangswertes.

Beispiel
Jod hat eine Halbwertzeit von 8 Tagen, d.h. nach 8 Tagen hat sich die Masse des Jods halbiert.
Wie viel Gramm Jod sind nach 8, 16, 32 … 80 Tagen noch vorhanden, wenn zu Beginn 1g vorhanden war?

Anzahl Tage	Masse in g
	1
8	$1 \cdot 0{,}5 = 0{,}5$
16	$1 \cdot 0{,}5 \cdot 0{,}5 = 1 \cdot 0{,}5^2 = 0{,}25$
32	$1 \cdot 0{,}5 \cdot 0{,}5 \cdot 0{,}5 = 1 \cdot 0{,}5^3 = 0{,}125$
⋮	⋮
80	$1 \cdot 0{,}5 \cdot 0{,}5 \cdot 0{,}5 \cdot 0{,}5 \cdot 0{,}5 \ldots = 1 \cdot 0{,}5^{10}$ $= 0{,}000976562$ (80 Tage = 10 Abschnitte á 8 Tage)

Aufgabe 2

Ein Stoff hat eine Halbwertszeit von 10 Tagen.
a) Wie viel Gramm sind nach 20 Tagen, 30 Tagen, 50 Tagen, 100 Tagen noch existent, wenn ursprünglich 1 g des Stoffes vorhanden war?
b) Wie viel Gramm sind nach einem Tag noch vorhanden?
c) Stelle eine Funktionsgleichung auf.

Exponentialfunktion

Exponetielles Wachstum lässt sich durch die Funktionsgleichung $y = c \cdot a^x$ ($a \in \mathbb{R}^+ \backslash \{1\}$, $c \neq 0$, $x \in \mathbb{R}$) beschreiben.
Der zugehörige Graph liegt immer über der x-Achse.
Für $a > 1$ ist der Graph steigend.
Für $0 < a < 1$ ist der Graph fallend.

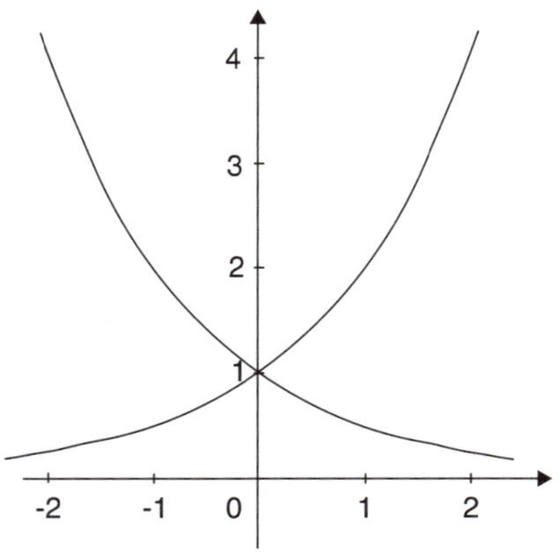

Beispiel
Die Funktionen zu den obigen Beispielen lauten
$y = 1 \cdot 2^x$ $y = 1 \cdot 0{,}5^x$

Aufgabe 3

Zeichne den Funktionsgraphen zu $y = 4^x$ und trage die fehlenden Koordinaten durch Ablesen ein.
$P_1(1{,}5;\ \ )$; $P_2(\ \ ; 2)$; $P_3(\ \ ; 4)$; $P_4(\ \ ; 0{,}5)$

Exponentielles Wachstum/exponentielle Abnahme mit Prozentangaben

Wenn es sich bei der Vermehrung um gleiche prozentuale Wachstumsraten handelt, spricht man auch vom exponentiellen Wachstum. Zur Wachstumsrate $p\%$ gehört der Wachstumsfaktor

$$q = 1 + \frac{p}{100}.$$

Bei der exponentiellen Abnahme berechnet sich der Abnahmefaktor q wie folgt:

$$q = 1 - \frac{p}{100}.$$

Die zugehörige Funktionsgleichung (für Wachstum und Abnahme) lautet:

$$y = c \cdot q^x.$$

Beispiel
Ein Geldbetrag von 2 500 € wird jährlich mit 6 % verzinst. Auf welchen Betrag ist das Kapital nach 2, 3, 4 … x Jahren gewachsen?
$p\,\% = 6$; $q = 1 + \frac{6}{100} = 1{,}06$

Anzahl Jahre	Kapital in €
	2 500
1	$2\,500 \cdot 1{,}06 = 2\,650$
2	$2\,500 \cdot 1{,}06 \cdot 1{,}06 = 2650 \cdot 1{,}06^2 = 2\,809$
3	$2\,500 \cdot 1{,}06 \cdot 1{,}06 \cdot 1{,}06 = 2\,500 \cdot 1{,}06^3 =$ $2\,977{,}54$
⋮	⋮
x	$2\,500 \cdot 1{,}06 \cdot 1{,}06 \cdot 1{,}06 \cdot 1{,}06 \ldots =$ $2\,500 \cdot 1{,}06^x$

Die zugehörige Funktionsgleichung lautet $y = 2\,500 \cdot 1{,}06^x$.

Aufgabe 4

Ein Startkapital von 5 € wird mit 7 % jährlich verzinst.
a) Wie viel Geld ist nach 1, 2, 3, 4, 5, 8, 10, 15, 20 Jahren auf dem Konto? Lege eine Tabelle an.
b) Notiere die Funktionsgleichung für die Zuordnung (y = Wert der Aktie, x = Tage).
c) Nach wie vielen Jahren hat sich das Geld verdoppelt?

Aufgabe 5

Herr Huber hat Aktien einer Telefongesellschaft im Wert von 5 650 € gekauft. Die Aktien verlieren pro Tag 2 % an Wert.
a) Stelle eine Funktionsgleichung auf.
b) Berechne, wie viel Euro die Aktien nach 15 Tagen noch Wert sind.
c) Zeichne den Graphen.

Logarithmus

Mithilfe des Logarithmus kann man zu Exponentialfunktionen der Form $y = a^x$ bei gegebenen Werten für a und y den Wert des Exponenten x berechnen.
Unter dem Logarithmus y zur Basis a (kurz: $\log_a y$, $a > 0$, $a \neq 1$, $y > 0$) versteht man also diejenige Zahl x, mit der man die Basis a potenzieren muss, um y zu erhalten:

$$\log_a y = x, \text{ dann ist } a^x = y$$

Beispiel
$\log_2 16 = 4$, denn $2^4 = 16$

Aufgabe 6

Bestimme die Lösung durch Probieren.

a) $\log_2 16 = x$
b) $\log_3 9 = x$
c) $\log_{10} 10\,000 = x$
d) $\log_5 625 = x$
e) $\log_2 512 = x$
f) $\log_2 z = 4$
g) $\log_2 z = 7$
h) $\log_5 z = 2$
i) $\log_1 z = 5$
j) $\log_b 81 = 2$
k) $\log_b 125 = 3$
l) $\log_b 1\,024 = 5$

Logarithmus berechnen

Auf dem Taschenrechner findest du die Taste „log“. Damit lässt sich ausschließlich der Logarithmus zur Basis 10 (Zehnerlogarithmen) direkt berechnen: $10^x = 630$, $x = \log_{10} 630 = 2{,}799$.
Statt $\log_{10} x$ schreibt man auch $\log x$.

Je nach Taschenrechner gibst du ein:

[start] [log] [630] [=] oder

[start] [630] [log] [=]

Um den Logarithmus von y zu einer beliebigen Basis a zu berechnen, gilt: $\log_a y = \log y / \log a$

Beispiel
$\log_{15} 625 = 2{,}77$
Je nach Taschenrechner gibst du ein:

[start] [log] [625] [/] [log] [15] [=]

oder

[start] [625] [log] [/] [15] [log] [=]

Aufgabe 7

Berechne den Logarithmus mit dem Taschenrechner.

a) $\log 221$
b) $\log 895$
c) $\log_4 182$
d) $\log_5 925$
e) $\log_1 235$
f) $\log_4 7\,894$

Logarithmusgesetze

1. Der Logarithmus eines Produkts ist gleich der Summe der Logarithmen der Einzelfaktoren, also:
$\log_y (x \cdot z) = \log_y x + \log_y z$, für $x > 0$ und $z > 0$.

Beispiel: $\log_4 (40) = \log_4 (8 \cdot 5) = \log_4 8 + \log_4 5$

2. Der Logarithmus eines Bruches ist gleich dem Logarithmus des Zählers minus dem Logarithmus des Nenners, also:
$\log_y \frac{x}{z} = \log_y x - \log_y z$, für $x > 0$ und $z > 0$

Beispiel: $\log_3 \frac{4}{5} = \log_3 4 - \log_3 5$

3. Der Logarithmus einer Potenz ist gleich dem Produkt aus dem Exponent und dem Logarithmus der Basis, also:
$\log_y x^z = z \cdot \log_y x$, für $x > 0$

Beispiel: $\log_2 4^3 = 3 \cdot \log_2 4$

Aufgabe 8

Es ist $\log_5 2 \approx 0{,}431$. Berechne ohne Taschenrechner:

a) $\log_5 4$ b) $\log_5 10$ c) $\log_5 20$

Aufgabe 9

Fasse zusammen.

a) $\log_4 5 + \log_4 10$ b) $\log_x 7 + \log_x 3$ c) $\log_x a + \log_x b$

Aufgabe 10

Wende die Logarithmusgesetze an.

a) $\log_5 \frac{1}{2}$
b) $3\log_4 5$
c) $\log_a \frac{2}{7}$
d) $\log_5 6^2$
e) $\log_{10} 5 - \log_{10} 3$
f) $\log_{10} 5^x$
g) $3\,(\log_w 7 + \log_w 2)$
h) $\log_w a - \log_w b - \log_w c$

Themen

Bist du fit? Teste dein Wissen!

Aufgabe 1

Frau Zimmer legt 4 400 € bei der Bank zu einem Zinssatz von 4,9 % fest an.

a) Wie viel Geld hat Frau Zimmer nach 1 Jahr, 2 Jahren, 3 Jahren, 5 Jahren und 10 Jahren? Lege eine Wertetabelle an.

b) Bestimme eine Funktionsgleichung (y = Kapital, x = Jahre).

c) Zeichne den Funktionsgraphen im Bereich $x = 0$ bis $x = 10$.

Aufgabe 2

Wende die Logarithmusgesetze an.

a) $\log_b y^5$

b) $\log_c a^k$

c) $\log_5 (r \cdot 5)$

d) $\log_3 \frac{8}{3}$

e) $\log_b (a \cdot b) y^5$

f) $\log_b (m - n)^2$

g) $\log_e f + \log_e m$

h) $h \cdot \log_b 3$

Aufgabe 3

Zeichne die Funktionsgerade und führe für jeden Graphen eine Punktprüfung durch.

a) $y = 3^x$ b) $y = 2^x + 1$ c) $x = 2 \cdot 2^x$

Punktprüfung jeweils mit:

$P_1(2; 5)$; $P_2(3; 27)$; $P_3(1; 4)$; $P_4(2; 8)$; $P_5(0; 2)$

Aufgabe 4

Ordne den Funktionsgraphen die richtige Funktionsgleichung zu.

a) $y = 0{,}1^x$ b) $y = 4^x$ c) $y = 2^x$ d) $y = 0{,}5^x$

I.

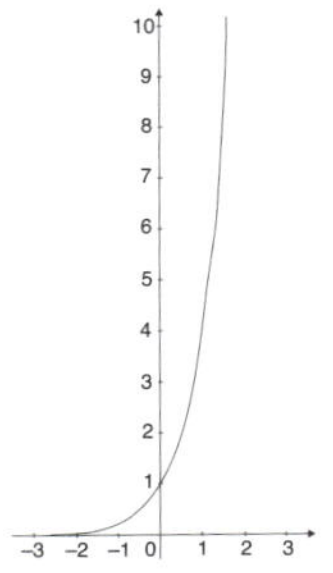

II.

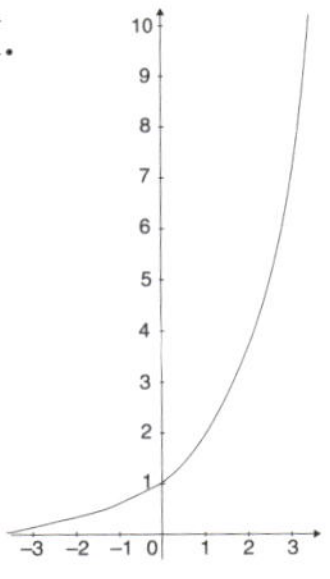

III.

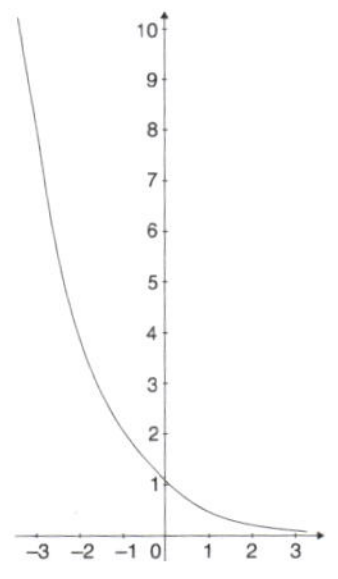

IV.

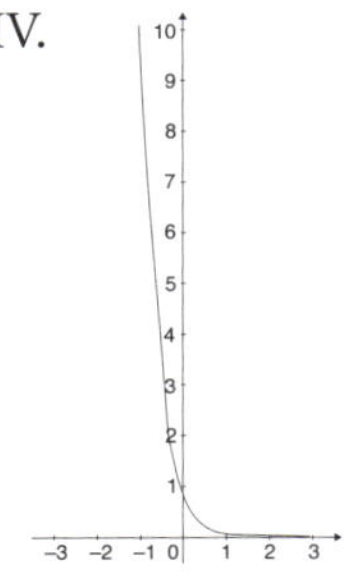

Aufgabe 5

Eine Bakterienkultur verdoppelt sich innerhalb eines Monats.

a) Zu Beginn deckt sie eine Fläche von 1 dm² ab. Wie groß ist sie nach 1, 2, 3, 4, 8, 10 Monaten?

b) Stelle eine Funktionsgleichung auf (y = Größe der Fläche, x = Monate).

Stochastik

1. Wahrscheinlichkeitsrechnung

Grundbegriffe der Wahrscheinlichkeitsrechnung

Ein **Zufallsexperiment** bezeichnet eine Serie von gleichwertigen und voneinander unabhängigen Versuchen, die ein nicht vorhersagbares **Ergebnis** (auch Zufallsvariable) zur Folge haben. Die Menge der möglichen Ergebnisse nennt man **Ergebnismenge** des Zufallexperiments.

> **Beispiel**
> Das (mehrfache) Werfen eines Würfels ist ein Zufallsexperiment. Ein mögliches Ergebnis ist z. B. „Die Augenzahl 3". Die Ergebnismenge ist $\{1, 2, 3, 4, 5, 6\}$.

Bestimmte Mengen von Ergebnissen können zu einem **Ereignis (E)** zusammengefasst werden. Umfasst das Ereignis nur ein Ergebnis der Ergebnismenge, handelt es sich um ein **Elementarereignis**.

> **Beispiel**
> Die Bedingung „Die Augenzahl ist kleiner als 4" (beim Würfeln) nennt man ein Ereignis, da hier die Ergebnisse „Augenzahl 1, Augenzahl 2, Augenzahl 3" zusammengefasst werden.
> Ein Elementarereignis ist z. B. „Augenzahl 2".

Wenn man annimmt, dass die Ergebnisse alle gleichberechtigt sind, d. h. mit der gleichen Wahrscheinlichkeit eintreten, so spricht man von einem **Laplace-Experiment**. Geht man dabei von einer endlichen Ergebnismenge Ω aus, die die Mächtigkeit $|\Omega| = n$ hat (d. h. sie hat n Elemente), dann ist die Wahrscheinlichkeit P jedes Ergebnisses:

$$P = \frac{1}{n}.$$

> **Beispiel**
> Beim Würfeln spricht man von einem Laplace-Experiment, da alle möglichen Ergebnisse gleichberechtigt sind. Die Ergebnismenge Ω hat die Mächtigkeit $|\Omega| = 6$. Die Wahrscheinlichkeit P jedes Ergebnisses ist
> $P = \frac{1}{6} \approx 16{,}6\ \%$.

Wird ein Zufallsexperiment sehr häufig durchgeführt, gibt die **absolute Häufigkeit** an, wie oft ein Ereignis auftritt. Den Anteil des Auftretens an der Gesamtzahl der vorgenommenen Versuche bezeichnet man als **relative Häufigkeit**:

$$\text{relative Häufigkeit} = \frac{\text{absolute Häufigkeit}}{\text{Gesamtzahl der Versuche}}.$$

Die Wahrscheinlichkeit P gibt an, welche relative Häufigkeit man bei vielen Versuchen erwarten kann. Je größer die Anzahl der vorgenommenen Versuche, desto näher liegt die relative Häufigkeit an der tatsächlichen Wahrscheinlichkeit des Ereignisses.

Beispiel
Es wird 1 000-mal gewürfelt. Die Augenzahl 1 kommt dabei 170-mal, die Augenzahl 2 kommt 150-mal, die Augenzahl 3 kommt 180-mal, die Augenzahl 4 kommt 186-mal, die Augenzahl 5 kommt 165-mal und die Augenzahl 6 kommt 149-mal vor.
Somit ist 170 die absolute Häufigkeit für das Vorkommen der Augenzahl 1.
Die relative Häufigkeit für die Augenzahl 1 ist

$\frac{170}{1\,000} = \frac{17}{100} = 17\ \%$.

Aufgabe 1

Gib alle möglichen Ergebnisse des Zufallsversuchs, die Ergebnismenge, die Mächtigkeit der Ergebnismenge und die Wahrscheinlichkeit der jeweiligen Ergebnisse an.
a) Werfen einer 1-€-Münze
b) Ziehung einer einzelnen Kugel beim Lotto (6 aus 49).
c) Ziehen einer Karte aus einem Kartenspiel mit 32 Karten.

Aufgabe 2

Bei der Produktion von Glasflaschen waren 12 von 2 100 fehlerhaft.
a) Wie groß ist die Wahrscheinlichkeit, dass eine willkürlich herausgegriffene Flasche fehlerhaft ist?
b) Wie viele Flaschen werden wahrscheinlich bei einer Produktion von 105 000 fehlerhaft sein?

Rechnen mit Wahrscheinlichkeiten – einstufige Zufallsexperimente

Für die Wahrscheinlichkeit eines Ereignisses (E) bei einem Laplace-Experiment gilt:

(1) $P(E) = \frac{\text{Anzahl der günstigen Ergebnisse}}{\text{Anzahl der möglichen Ergebnisse}}$
(2) $0 \leq P(E) \leq 1$: (die Wahrscheinlichkeit für ein Ereignis ist im Bereich von 0 % bis 100 %)
(3) $P(\bar{E}) = 1 - P(E)$: Wahrscheinlichkeit des Gegenereignisses $(\bar{E})$
(4) $P(E_1 \cup E_2) = P(E_1) + P(E_2)$, wenn $E_1 \cap E_2 = 0$
(5) $P(E_1 \cup E_2) = P(E_1) + P(E_2) - P(E_1 \cap E_2)$, wenn $E_1 \cap E_2 \neq 0$

Beispiel
Es wird mit einem Würfel gewürfelt.
(1) Wir betrachten das Ereignis E: „Die Augenzahl ist kleiner als 3“.
Günstige Ergebnisse: {1, 2}; Mögliche Ergebnisse {1, 2, 3, 4, 5, 6}: $P(E) = \frac{2}{6} = \frac{1}{3}$
(2) Unmögliche Ereignisse haben die Wahrscheinlichkeit 0, hier z. B.: „Augenzahl ist größer als 6“.
Sichere Ereignisse haben die Wahrscheinlichkeit 1, hier z. B. „Augenzahl ist kleiner als 8“.
Alle anderen Ereignisse haben eine Wahrscheinlichkeit zwischen 0 und 1.
(3) Wir betrachten das Ereignis $\bar{E}$ aus (1). Das Gegenereignis $\bar{E}$ ist: „Die Augenzahl ist größer als 2“.
Dabei sind die günstigen Ergebnisse: {3, 4, 5, 6}, woraus sich die
Wahrscheinlichkeit $P(\bar{E}) = \frac{4}{6} = \frac{2}{3}$ ergibt.
Man kann auch rechnen: $P(\bar{E}) = 1 - \frac{1}{3} = \frac{2}{3}$
(4) Wir betrachten die Ereignisse E_1: „Die Augenzahl ist kleiner als 3“ $[P(E_1) = \frac{2}{6}]$ und E_2: „Die Augenzahl ist größer als 4“ $[P(E_2) = \frac{2}{6}]$. $P(E_1 \cup E_2) = \frac{2}{6} + \frac{2}{6} = \frac{4}{6}$, da E_1 und E_2 keine gemeinsamen Elemente haben, ist somit $E_1 \cap E_2 = 0$.
(5) Wir betrachten die Ereignisse E_1: „Die Augenzahl ist kleiner als 3“ $[P(E_1) = \frac{2}{6}]$ und E_2: „Die Augenzahl ist gerade“ $[P(E_2) = \frac{3}{6}]$. $P(E_1 \cup E_2) = \frac{2}{6} + \frac{3}{6} - \frac{1}{6} = \frac{4}{6}$, da E_1 und E_2 das gemeinsame Element {2} $[P(„2“) = \frac{1}{6}]$ haben, ist somit $E_1 \cap E_2 \neq 0$.

Aufgabe 3

In einem (nicht einsehbaren) Behälter befinden sich zwölf Kugeln mit den Zahlen von 1 bis 12.
Es wird eine Kugel gezogen.
a) Gib die Wahrscheinlichkeit für das Ereignis „Die Zahl ist durch 3 teilbar“ an.
b) Gib die Wahrscheinlichkeit für das Gegenereignis zu a) an.
c) Gib die Wahrscheinlichkeit für das Ereignis „Die Zahl ist durch 3 teilbar und durch 5 teilbar“ an.
d) Gib die Wahrscheinlichkeit für das Ereignis „Die Zahl ist durch 3 teilbar und gerade“ an.
e) Gib die Wahrscheinlichkeit für das Ereignis „Die Zahl ist durch 3 teilbar und durch 6 teilbar“ an.

Aufgabe 4

Aus einem Kartenspiel (52 Karten, je 13-mal Karo, Herz, Pik, Kreuz von „2“ bis „Ass“) wird eine Karte gezogen.
a) Wie groß ist die Wahrscheinlichkeit, dass die gezogene Karte eine Pikkarte ist?
b) Wie groß ist die Wahrscheinlichkeit, dass die gezogene Karte eine „7“ ist?
c) Wie groß ist die Wahrscheinlichkeit, dass die gezogene Karte mehr als 9 Punkte zählt (Ass zählt 11)?
d) Wie groß ist die Wahrscheinlichkeit, dass die gezogene Karte weniger als 10 Punkte zählt?
e) Man gewinnt, wenn die gezogene Karte entweder eine Bildkarte oder eine Herzkarte ist.
Mit welcher Wahrscheinlichkeit gewinnt man?

Rechnen mit Wahrscheinlichkeiten – mehrstufige Zufallsexperimente

Baumdiagramm
Ein mehrstufiger Zufallsversuch lässt sich mithilfe eines Baumdiagramms (s. u.) veranschaulichen. Jeder Pfad zeigt dabei einen möglichen Ausgang auf.

(1) Pfadregel (Produktregel)
Die Wahrscheinlichkeit für ein **Ergebnis** (a, b) erhält man, indem man die Wahrscheinlichkeiten (p, q) entlang dem zugehörigen Pfad im Baumdiagramm multipliziert:
$P(a_2, b_3 \ldots) = p_2 \cdot q_3 \cdot \ldots$

(2) Pfadregel (Summenregel)
Die Wahrscheinlichkeit für ein **Ereignis** erhält man, indem man die Wahrscheinlichkeiten der zugehörigen Ergebnisse addiert.

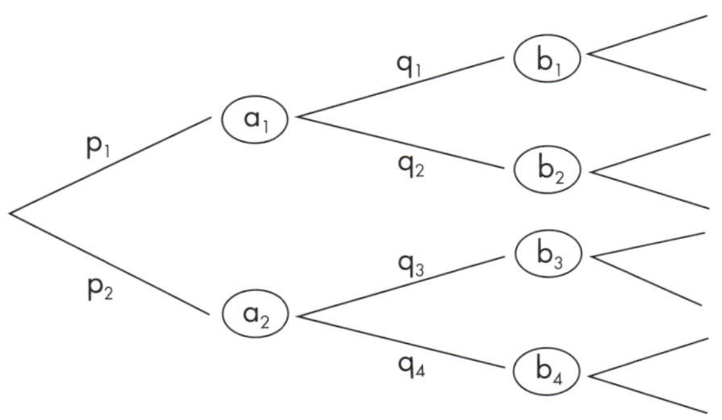

Beispiel
Eine Münze wird zweimal geworfen.
Die Wahrscheinlichkeit für Kopf (K) und Zahl (Z) beträgt bei jedem Wurf $\frac{1}{2}$.

(1) Die Wahrscheinlichkeit dafür, dass man zweimal Kopf wirft, erhält man, indem man die Wahrscheinlichkeit entlang dem zugehörigen Pfad im Baumdiagramm multipliziert, also:
$P(K,K) = \frac{1}{2} \cdot \frac{1}{2} = \frac{1}{4}$.

(2) Die Wahrscheinlichkeit für das Ereignis „Die Münze zeigt bei beiden Würfen das selbe Zeichen“ erhält man, indem die Wahrscheinlichkeiten der zugehörigen Ergebnisse addiert, also:
$P(K,K),(Z,Z) = \frac{1}{4} + \frac{1}{4} = \frac{2}{4} = \frac{1}{2}$.

Aufgabe 5

In einem (nicht einsehbaren) Behälter befinden sich zwölf Kugeln mit den Zahlen von 1 bis 12.
Es werden zwei Kugeln (mit Zurücklegen) gezogen.

a) Gib die Wahrscheinlichkeit für das Ereignis „Genau eine der gezogenen Zahlen ist durch 3 teilbar“ an.
b) Gib die Wahrscheinlichkeit für das Ereignis „Beide gezogenen Zahlen sind durch 3 teilbar“ an.
c) Gib die Wahrscheinlichkeit für das Ereignis „Keine der gezogenen Zahlen ist durch 3 teilbar“ an.
d) Gib die Wahrscheinlichkeit für das Ereignis „Die Summe der Zahlen ist kleiner als 5“ an.

Aufgabe 6

In einem (nicht einsehbaren) Behälter befinden sich zwölf Kugeln mit den Zahlen von 1 bis 12.
Es werden zwei Kugeln (ohne Zurücklegen) gezogen.

a) Gib die Wahrscheinlichkeit für das Ereignis „Genau eine der gezogenen Zahlen ist durch 3 teilbar“ an.
b) Gib die Wahrscheinlichkeit für das Ereignis „Beide gezogenen Zahlen sind durch 3 teilbar“ an.
c) Gib die Wahrscheinlichkeit für das Ereignis „Keine der gezogenen Zahlen ist durch 3 teilbar“ an.
d) Gib die Wahrscheinlichkeit für das Ereignis „Die Summe der Zahlen ist kleiner als 5“ an.

Beschreibende Statistik

(1) Mittelwert oder arithmetisches Mittel $\bar{x}$
Der Mittelwert beschreibt die mittlere Größe der beobachteten Werte $(x_1, x_2, x_3 \ldots, x_n)$ bei einer Stichprobe vom Umfang n. Den Mittelwert erhält man, indem man alle Werte addiert und diese Summe durch die Anzahl der Werte teilt:

$$\bar{x} = \frac{x_1 + x_2 + \ldots + x_n}{n}, \; n \in \mathrm{N}.$$

Beispiel
Durchschnittliche Fahrzeit zur Arbeit (Pkw)

Tag	1	2	3	4	5	6
Dauer	18 min	22 min	19 min	21 min	23 min	17 min

$$x = \frac{18 + 22 + 19 + 21 + 23 + 17}{6} = 20$$

Die durchschnittliche Fahrzeit beträgt 20 Minuten.

(2) Gewichtetes arithmetisches Mittel $\bar{x}$
Treten bei Stichproben vom Umfang n Ergebnisse mehrfach auf, so berechnet man das gewichtete arithmetische Mittel $\bar{x}$. Man erhält es, indem man die vorkommenden Werte mit den absoluten Häufigkeiten (d. h. der Anzahl des Auftretens) der Werte multipliziert, diese wiederum addiert und durch die Gesamtzahl dividiert:

$$\bar{x} = \frac{n_1 \cdot x_1 + n_2 \cdot x_2 + \ldots + n_n \cdot x_n}{n}, \; n \in \mathrm{N}.$$

Beispiel
Notenspiegel einer Klassenarbeit

Note	1	2	3	4	5	6
Anzahl	3	6	9	9	2	1

$$\bar{x} = \frac{3 \cdot 1 + 6 \cdot 2 + 9 \cdot 3 + 9 \cdot 4 + 2 \cdot 5 + 1 \cdot 6}{3 + 6 + 9 + 9 + 2 + 1} = \frac{94}{30} = 3{,}13$$

(3) Varianz s^2 und Standardabweichung s
Mittelwerte charakterisieren Häufigkeitsverteilungen nicht ausreichend, da sie die Streuung bzw. Abweichungen vom Mittelwert (Varianz) nicht genügend beachten. Diese Varianz erhält man, indem man den Mittelwert von den jeweiligen Einzelwerten abzieht, diese Differenzen anschließend quadriert und die Quadrate addiert und schließlich durch die Gesamtzahl der Werte dividiert:

$$s^2 = \frac{(x_1 - \bar{x})^2 + (x_2 - \bar{x})^2 + \ldots + (x_n - \bar{x})^2}{n}, \; n \in \mathrm{N}.$$

Die Quadratwurzel aus der Varianz heißt Standardabweichung s.

Beispiel (zu: „Durchschnittliche Fahrtzeit zur Arbeit (Pkw)“)

$$s^2 = \frac{(18-20)^2+(22-20)^2+(19-20)^2+(21-20)^2+(23-20)^2+(17-20)^2}{6} = \frac{28}{6} = 4{,}7$$

$s = \sqrt{4{,}7} = 2{,}2$

Die Varianz beträgt 4,7 min^2 und die Standardabweichung 2,2 min.

Aufgabe 7

Bei den Bundesjugendspielen erzielte die Klasse 8H2 (20 Schüler) im Weitsprung folgende Ergebnisse:

2,90 m; 2,93 m; 2,93 m; 2,96 m; 2,98 m; 2,98 m; 3,00 m; 3,05 m; 3,15 m; 3,22 m;
3,25 m; 3,30 m; 3,30 m; 3,56 m; 3,58 m; 3,65 m; 3,66 m; 3,72 m; 3,80 m; 4,01 m.

a) Gib den Mittelwert an.
b) Gib die Varianz an.
c) Gib die Standardabweichung an.

Bist du fit? Teste dein Wissen!

Aufgabe 1

Aus einem Kartenspiel (32 Karten, je 8-mal Karo, Herz, Pik, Kreuz von „7“ bis „Ass“) werden nacheinander zwei Karten (ohne Zurücklegen) gezogen.

a) Wie groß ist die Wahrscheinlichkeit, dass mindestens eine der gezogenen Karten eine Pikkarte ist?
b) Wie groß ist die Wahrscheinlichkeit, dass man zwei Asse zieht?
c) Wie groß ist die Wahrscheinlichkeit, dass die Summe der gezogenen Karten 21 ergibt (Ass zählt 11)?
d) Wie groß ist die Wahrscheinlichkeit, dass die Summe der gezogenen Karten weniger als 11 Punkte ergibt?
e) Man gewinnt, wenn eine der gezogenen Karten entweder eine Bildkarte oder eine Herzkarte ist. Mit welcher Wahrscheinlichkeit gewinnt man?

Aufgabe 2

In einer Urne befinden sich fünf blaue, vier rote und drei gelbe Kugeln. Es werden nacheinander drei Kugeln gezogen und wieder zurückgelegt.

a) Wie groß ist die Wahrscheinlichkeit, dass die drei gezogenen Kugeln blau sind?
b) Wie groß ist die Wahrscheinlichkeit, dass die drei gezogenen Kugeln gelb sind?
c) Wie groß ist die Wahrscheinlichkeit, dass die drei gezogenen Kugeln unterschiedliche Farben haben?

Aufgabe 3

Bei der Füllung von Getränkekartons (1 000 ml) darf die Standardabweichung nicht größer als 6 sein. Bei der Firma Muhl wurden aus der laufenden Produktion 10 Getränkekartons entnommen und folgende Füllmengen festgestellt:

1 000 ml; 990 ml; 1 004 ml, 995 ml; 992 ml; 1 006 ml; 989 ml; 1 007 ml; 999 ml; 998 ml

a) Wie viel Milliliter wurden im Durchschnitt pro Flasche abgefüllt?
b) Berechne die Standardabweichung bei der Abfüllung.
c) Muss die Maschine neu eingestellt werden?

Aufgabe 4

Ein Pkw wird von verschiedenen Fahrern auf den Benzinverbrauch (Verbrauch auf 100 km) im Stadtverkehr getestet:

Person	A	B	C	D	E	G
Verbrauch in (l)	8,8	9,2	10,1	9,5	10,5	9,8

a) Berechne das arithmetische Mittel.
b) Berechne Varianz und Standardabweichung.
c) Was könnten Gründe für den unterschiedlichen Benzinverbrauch sein?

Vermischte Übungen

Übung 1

Susanne stößt bei einem Leichtathletikfest die Kugel auf einer Flugbahn, die mit folgender Gleichung beschrieben werden kann: $y = -0{,}2x^2 + 1{,}2x + 1{,}6$. Dabei ist x die Flugweite (in m) und y die Flughöhe (in m).

a) Erstelle eine Wertetabelle (von $x = 0$ bis $x = 8$).
b) Zeichne den Funktionsgraphen.
c) Berechne: Bei welcher Flugweite trifft die Kugel auf den Boden auf?
d) Warum kann eine Kugel nie die Flugbahn mit der Gleichung $y = 0{,}2x^2 + 1{,}2x + 1{,}6$ haben?

Übung 2

Aus einer quadratischen Holzplatte mit der Seitenlänge $a = 50$ cm werden vier kleine oder ein großer Kreis zur Herstellung von Pflanzenrollern herausgesägt.

a) Wo fällt mehr Verschnitt an?
b) Wie viel Prozent beträgt jeweils der Verschnitt gegenüber der ursprünglichen Holzplatte?
c) Wie viel Prozent beträgt jeweils der Verschnitt gegenüber den Pflanzenrollern?

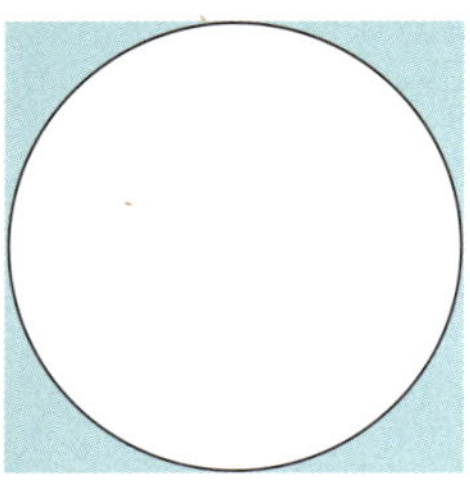

Übung 3

Ordne den Funktionsgleichungen jeweils den richtigen Funktionsgraphen zu.

a) $y = -x^2 + 3$
b) $y = (x + 2)^2 - 1$
c) $y = 2(x - 2)^2 + 1$
d) $y = -3(x + 3)^2$

I

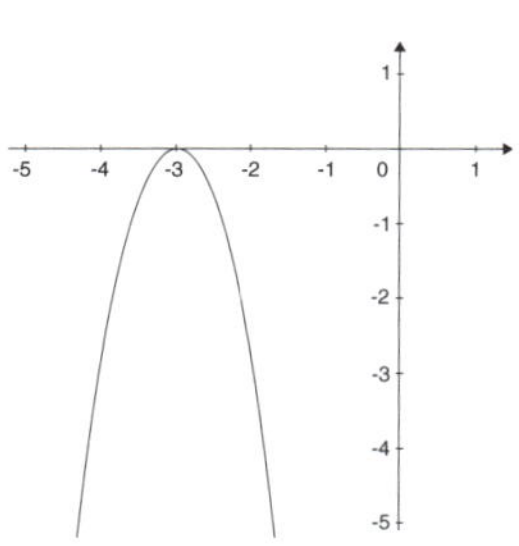

II

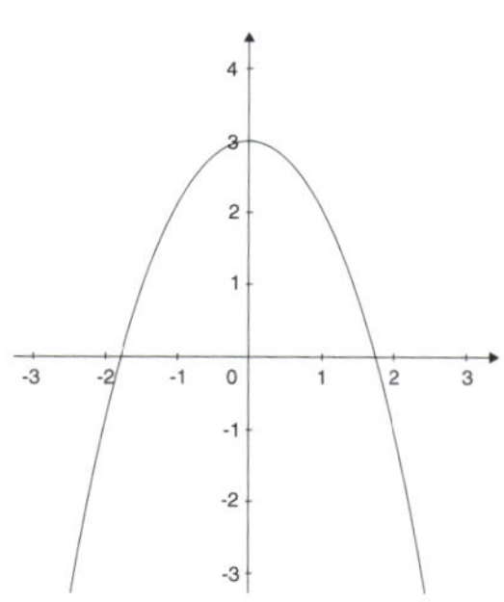

III

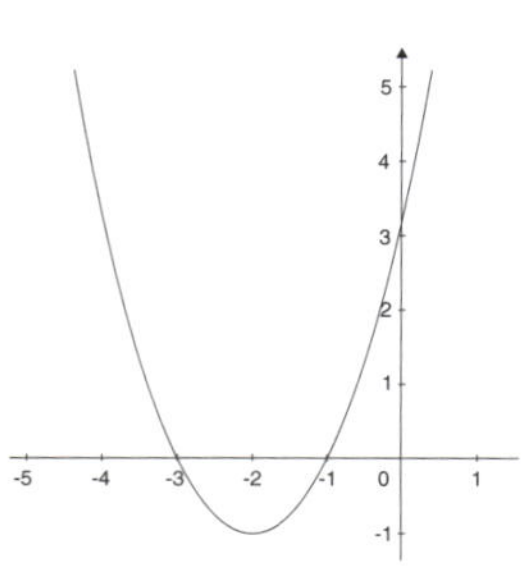

IV

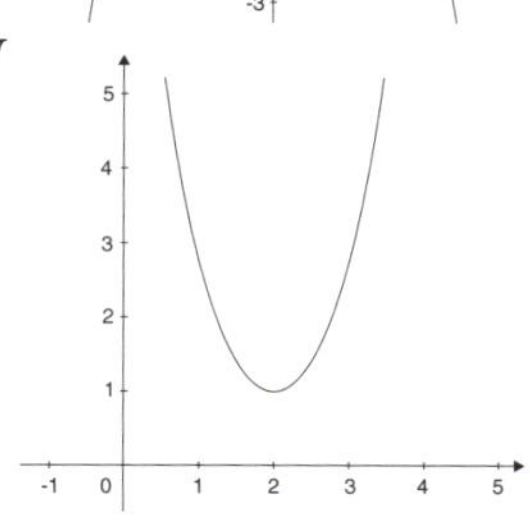

Übung 4

Ein Eilzug hat x Wagen mit 70 Sitzplätzen und y Wagen mit 50 Sitzplätzen.
Welcher der unten aufgeführten Terme gibt die Sitzplatzanzahl des gesamten Zuges an?

a) $70x + 50y$
b) $x + y$
c) $50x + 70y$
d) keine der Varianten

Übung 5

Eine Pizzeria bietet Pizzas in drei Größen an: Eine kleine Pizza hat einen Durchmesser von 28 cm, eine mittlere einen von 36 cm und eine große einen von 44 cm. Alle Pizzas sind gleich dick. Eine kleine Pizza kostet 6 Euro, eine mittlere 9 Euro und eine große 14 Euro.
Welche Pizza muss man bestellen, wenn man möglichst viel Pizza pro Euro bekommen möchte?

Übung 6

Berechne den Radius eines Holzkegels aus Buchenholz (Dichte: 0,7 g/cm^3), der 350 g wiegt und eine Höhe von 6 cm hat.

Übung 7

Die Summe aus einer Zahl x, dem Zweifachen einer anderen Zahl y und 6 ergibt Null. Zieht man y von x ab und addiert 3, erhält man ebenfalls Null. Wie heißen die beiden Zahlen x und y?

Übung 8

Gegeben ist die Funktion $y = 2x + 4$

a) Zeichne den Funktionsgraphen.
b) Berechne die Nullstellen.
c) Berechne die fehlenden Koordinaten der Punkte, die auf dem Funktionsgraphen liegen:
$P_1(7;\ \ )$; $P_2(\ \ ; 11)$; $P_3(\ \ ; 4)$; $P_4(\ \ ; 2)$

Übung 9

Zwei Münzen werden geworfen. Spieler A gewinnt, wenn beide Münzen Wappen zeigen, Spieler B gewinnt, wenn beide Münzen unterschiedliche Ergebnisse zeigen und Spieler C gewinnt, wenn beide Münzen Zahl zeigen. Gib die Gewinnchancen der einzelnen Spieler an.

Übung 10

Ordne den Funktionsgraphen die jeweilige Funktionsgleichung zu.

a) $y = 0{,}5x - 2$
b) $y = 3x$
c) $y = x - 2$
d) $y = 4x$

I

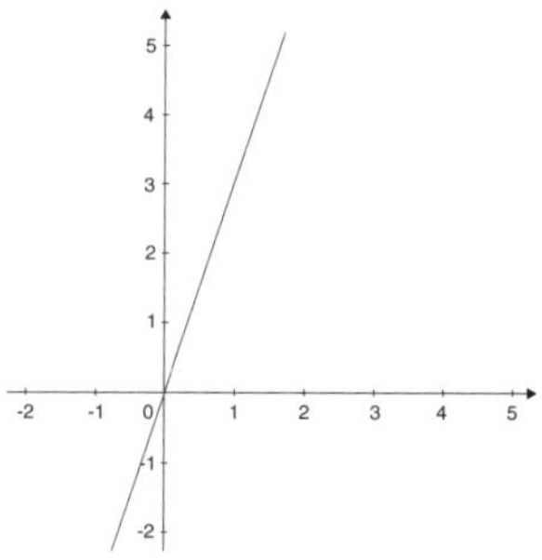

II

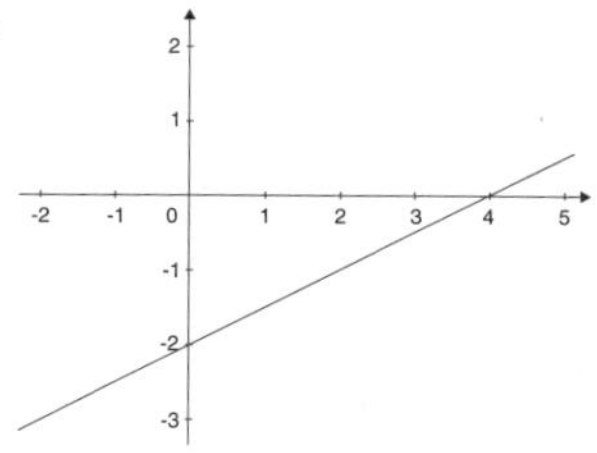

III

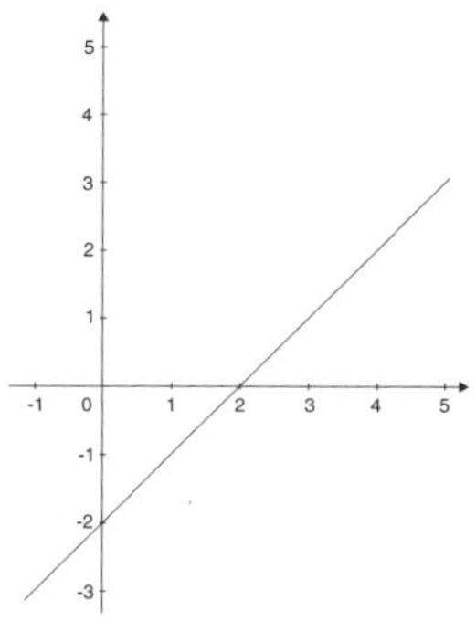

IV

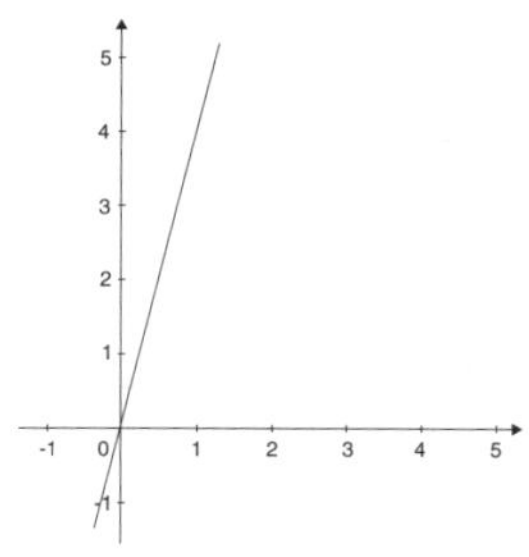

Übung 11

Ein rechteckiger Sportplatz ist 120 m lang und 40 m breit. Yannik sprintet diagonal von Ecke zu Ecke, André läuft 5 Runden an der Außenlinie entlang.
Wie oft muss Yannik von Ecke zu Ecke laufen, damit er genau so viele Meter wie André gelaufen ist?

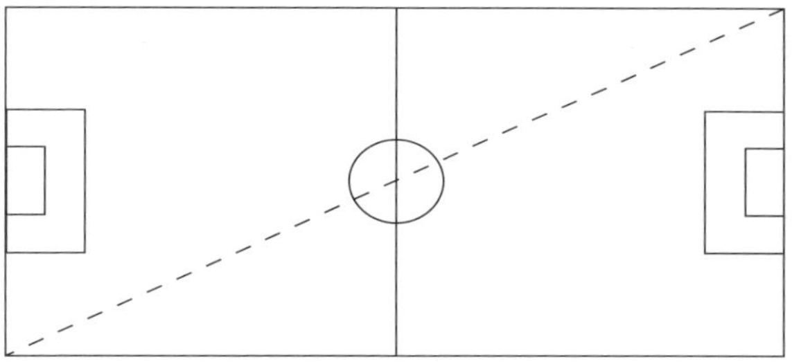

Übung 12

Gegeben ist die Funktion $y = (x + 1)^2 - 4$

a) Zeichne den Funktionsgraphen mit der Normalparabel-Schablone.
b) Notiere die Koordinaten des Scheitelpunktes.
c) In welchen Bereichen ist der Funktionsgraph steigend bzw. fallend?
d) Berechne die Nullstellen.
e) Berechne die fehlenden Koordinaten der Punkte, die auf dem Funktionsgraphen liegen.
$P_1(4;\ \ )$; $P_2(\ \ ; 60)$; $P_3(\ \ ; 96)$

Übung 13

Die Quersumme einer zweistelligen Zahl beträgt 14. Die Differenz der beiden Ziffern beträgt 2.
Welche Zahl ist gesucht?

Übung 14

Der Schatten eines Turmes ist 102 m lang. Die Sonnenstrahlen treffen in einem Winkel von 33° auf den Erdboden. Wie hoch ist der Turm?

Übung 15

In einem Zimmer wird ein neuer Teppich verlegt.

a) Wie viele Quadratmeter Teppich müssen (mindestens) gekauft werden?
b) Nach dem Verlegen des Teppichs werden Sockelleisten montiert. Wie viele Meter Leisten braucht man, wenn die beiden Türen ausgespart bleiben?

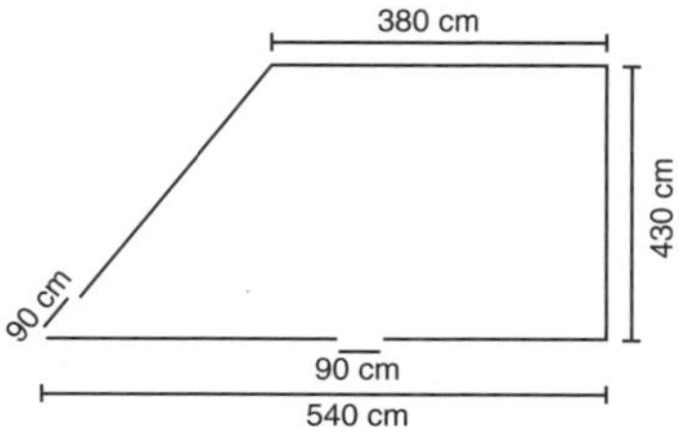

Übung 16

Zwei Würfel werden geworfen: Spieler A gewinnt, wenn die Augensumme kleiner als 7 ist, sonst gewinnt Spieler B. Sind die Gewinnchancen für beide Spieler gleich groß?

Übung 17

Löse die linearen Gleichungssysteme.

a) $\begin{vmatrix} y = 2x - 3 \\ y = -3x + 7 \end{vmatrix}$ b) $\begin{vmatrix} 3x + y = -2 \\ 12x + 4y = 8 \end{vmatrix}$ c) $\begin{vmatrix} y + \frac{3}{4}x = 5 \\ 2y - \frac{3}{4}x + 1 = 0 \end{vmatrix}$

Übung 18

In die Nische einer Dachschräge soll in 1,20 m Höhe ein Regalboden angebracht werden. Der Dachboden hat eine Höhe von 3,20 m.

a) An welcher Stelle der Schräge muss ein Träger für den Regalboden angebracht werden?
b) Welche Länge hat der Regalboden?

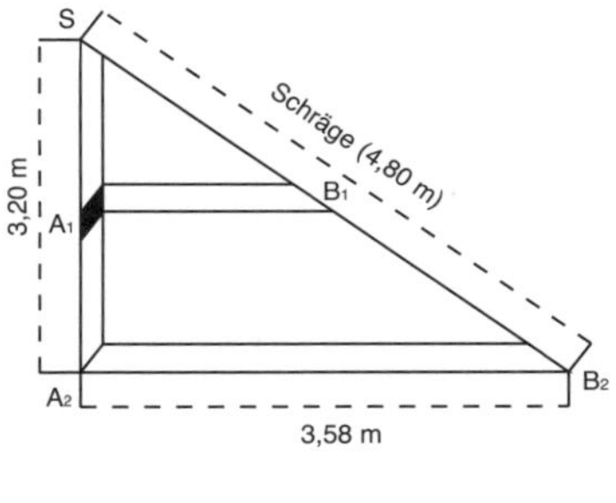

Übung 19

Löse folgende Gleichungen:

a) $3(4x + 7) = 7(x - 1)$

b) $(7 + x)(x - 5) = x^2 + 7$

c) $(x - 3)^2 = (x + 3)^2$

d) $(x - 1)(x - 2) - (x - 9)(x - 12) = 20$

e) $\frac{520w}{13} - \frac{144w}{9} - 22 = 16w + 6 - \frac{24w}{4}$

f) $\frac{3}{x} + 6 = \frac{9}{x}$

Übung 20

Ein quadratischer Karton hat die Kantenlänge $a = 12$ cm.

a) Wie groß kann das Volumen einer Kugel, die in den Karton gesetzt wird, höchstens sein?

b) Wie groß kann das Volumen eines Zylinders, der in den Karton gesetzt wird, höchstens sein?

c) Wie groß kann das Volumen einer Pyramide, die in den Karton gesetzt wird, höchstens sein?

Übung 21

Berechne Volumen und Oberfläche der unten abgebildeten Pyramiden.

a)

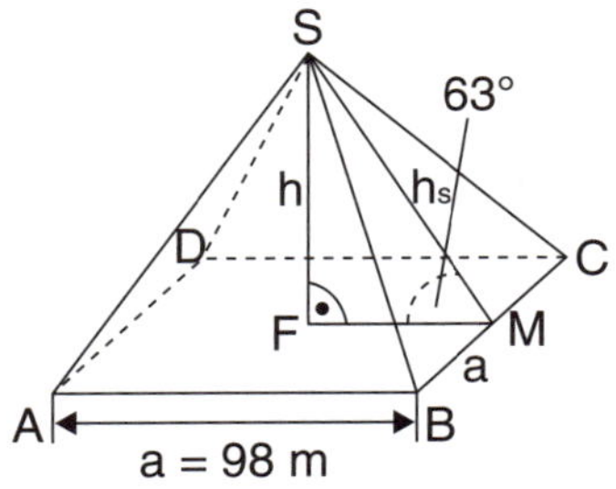

b)

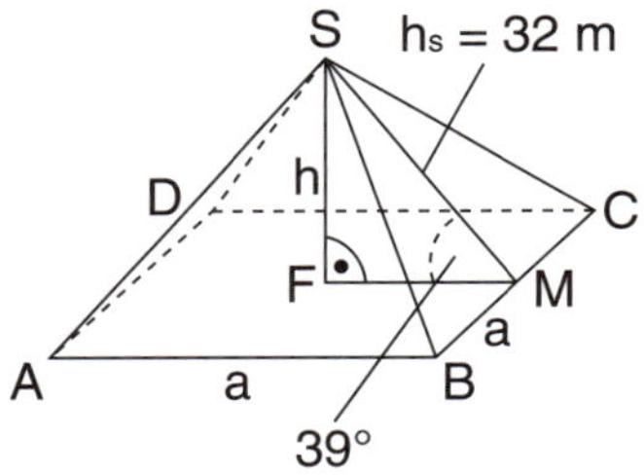

c)

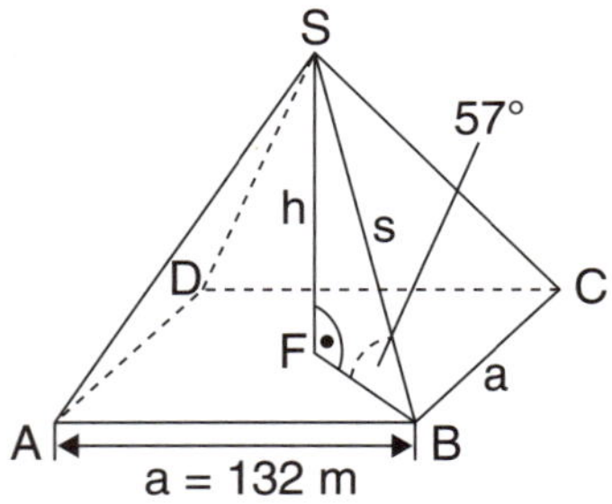

Übung 22

Gegeben ist die Funktion $y = 2x^2 + 12x + 16$.

a) Wandle die Gleichung in die Scheitelform um.

b) Zeichne den Funktionsgraphen.

c) Notiere die Koordinaten des Scheitelpunktes.

d) In welchen Bereichen ist der Funktionsgraph steigend bzw. fallend?

e) Berechne die Nullstellen.

Übung 23

Familie Müller will im Garten einen kreisrunden Swimmingpool bauen. Es soll 1,40 m tief sein und einen Durchmesser von 14 m haben. Der Boden und die Wand des Pools werden gefliest.

a) Für wie viele Quadratmeter werden Fliesen benötigt?

b) Wie viel Liter Wasser sind in dem Becken, wenn der Wasserspiegel 10 cm unter der Beckenoberkante steht?

c) Wie lange dauert das Füllen des Beckens, wenn 5 m^3 Wasser pro Stunde in das Becken gepumpt werden können?

Übung 24

Eine Getränkedose hat ein Füllungsvermögen von 0,33 Liter. Die Dose hat einen Durchmesser von 7 cm. Wie hoch ist die Dose?

Übung 25

Eine Firma stellt Blecheimer her. Wie viele Quadratmeter Blech werden zur Herstellung eines Eimers gebraucht, wenn mit 10 % Verschnitt gerechnet werden muss?

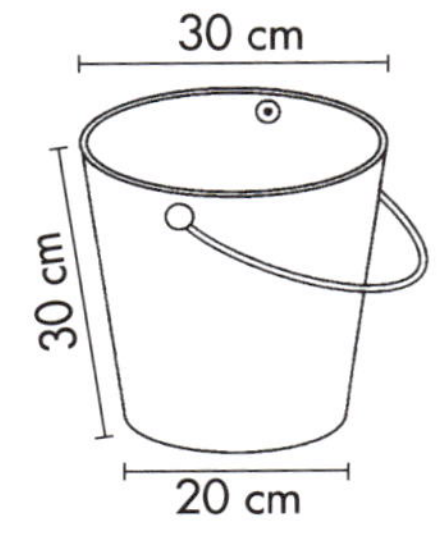

Übung 26

a) Zeichne die Parabel für $y = x^2$. Spiegle sie an der x-Achse und gib die neue Funktionsgleichung an.

b) Zeichne den Funktionsgraphen zu $y = (x - 4)^2 + 1$. Spiegle die Parabel an der Geraden zu $y = 1$ und gib die neue Funktionsgleichung an.

Übung 27

Aus einem Baumstamm sollen quadratische Balken (25 × 25 cm) geschnitten werden. Welchen Mindestumfang muss der Baumstamm haben?

Lösungen

Zuordnungen Seite 5–6

Aufgabe 1

Gefahrene Strecke (km)	150	50	75	8,33	100	275	600
Verbrauch des Autos (l)	18	6	9	1	12	33	72

Aufgabe 2

a) Die Klasse 7b muss **1 250 €** bezahlen.

b) Die Klasse 7c muss **2 100 €** bezahlen.

Aufgabe 3

Arbeiter	8	12	16	6	3	64	18
Dauer	144	96	72	192	384	18	64

Aufgabe 4

a) Die Schüler der 7d müssen je **18,75 €** bezahlen.
b) Es fahren **45 Schüler** mit.

Bist du fit? Teste dein Wissen!

Aufgabe 1

Familie Meier kann täglich a) 80 € b) 56 € c) 35 € ausgeben.

Aufgabe 2

a) Das Flugzeug benötigt ca. **14 Stunden und 10 Minuten.**
b) Es legt **2 117,647 km (8 647,059 km)** zurück.

Aufgabe 3

a) Sie müssen täglich **63 km** fahren.
b) Sie müssen nun **48 km** pro Tag fahren.

Aufgabe 4

a) Antiproportionale Zuordnung

24	30	36
42	33,6	28

b) Proportionale Zuordnung

9	11	13
4,5	5,5	6,5

c) Keins von beidem

10	40	30
30	/	10,5

d) Keins von beidem

36	/	15
9	15	27

e) Antiproportionale Zuordnung

4	6	60
30	20	2

f) Proportionale Zuordnung

12	36	108
500	1500	4 500

Aufgabe 5

Nun dauert es **36 Tage,** bis der Auftrag bearbeitet ist.
Tipp: Bedenke! Die Hälfte der Zeit arbeiten alle 25 Maschinen.

Prozent- und Zinsrechnung — Seite 7–8

Aufgabe 1

a) $P_w = 2{,}28$ cm b) $G = 28{,}07$ € c) $p\% = 38$

Aufgabe 2

a) $Z = 560$ € b) $K = 30\,552$ € c) $p\% = 2{,}89$

Aufgabe 3

a) $Z = 8{,}46$ € b) $Z = 1\,259{,}25$ €

Aufgabe 4

a) $K_n = 492{,}49$ € b) $K_n = 71\,732{,}69$ €

Bist du fit? Teste dein Wissen!

Aufgabe 1

a) $P_w = 75{,}48$ g d) $Z = 145$ € g) $Z = 177{,}73$ €
b) $G = 337{,}84$ m e) $p\% = 1{,}28$ h) $p\% = 5{,}04$
c) $p\% = 19{,}42$ f) $K = 18\,130{,}41$ €

Aufgabe 2

Der Bruttopreis beträgt **297,50 €**

Aufgabe 3

Es waren zu Beginn **3 076,92 €** auf dem Konto.

Aufgabe 4

Bei **Bank B** ist der Zinssatz mit **5,2 %** günstiger als der von Bank A (5,5 %).

Aufgabe 5

Er erhält **10 527,45 €**.

Aufgabe 6

Der Preisnachlass beträgt **25 %**.

Aufgabe 7

Das Kapital ist um **7 258,64 €** angewachsen.

Diagramme — Seite 8–10

Aufgabe 1

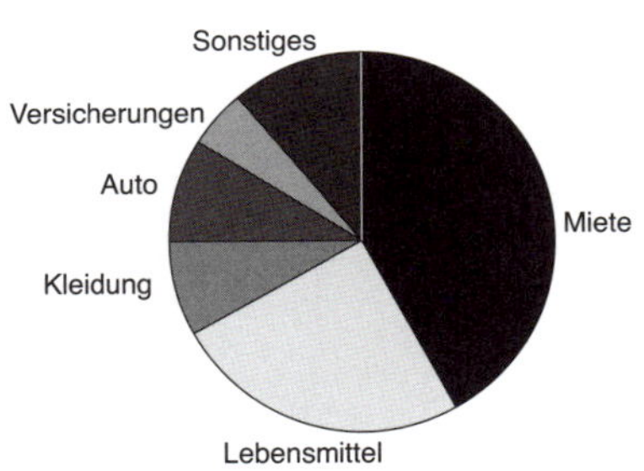

Miete: 151,2 °
Kleidung: 28,8°
Versicherung: 18°
Lebensmittel: 90°
Auto: 32,4°
Sonstiges: 39,6°

Aufgabe 2

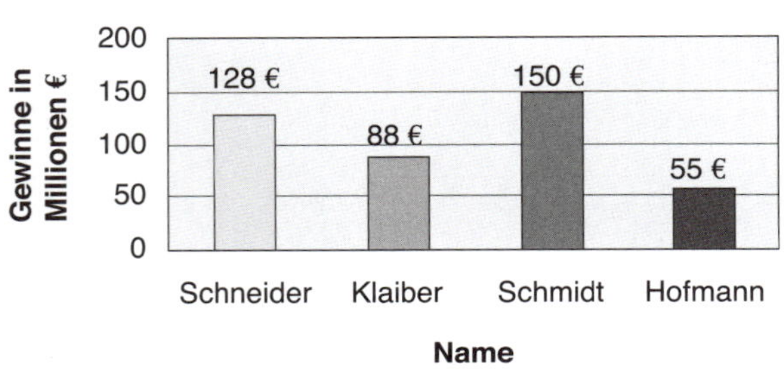

Bist du fit? Teste dein Wissen!

Aufgabe 1

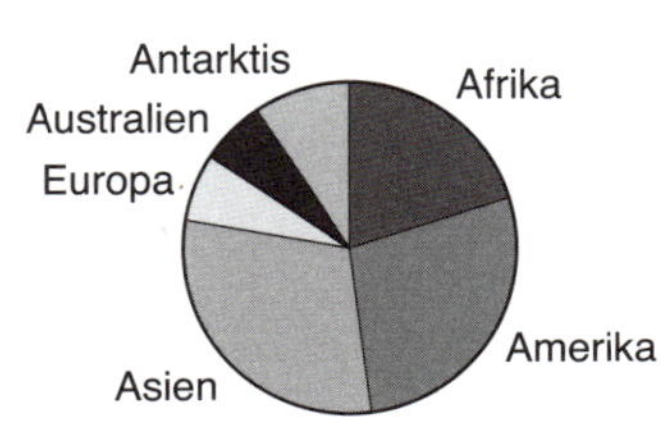

Afrika: 72°
Amerika: 100,8°
Asien: 108°
Europa: 25,2°
Australien: 21,6°
Antarktis: 32,4°

Aufgabe 2

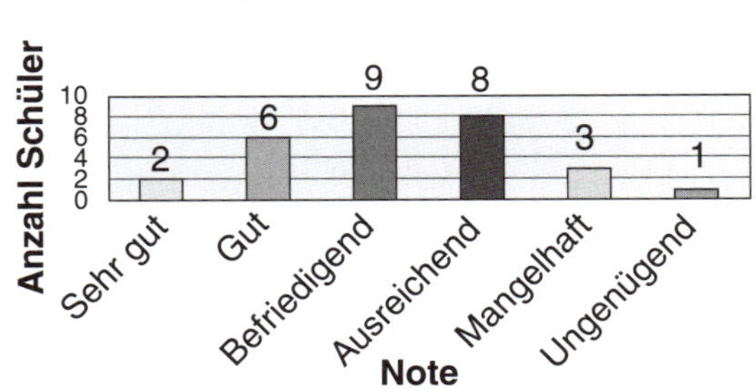

Aufgabe 3

Partei	SPD	CDU	FDP	FWG	Grüne
Stimmen in %	39	35	8	16	2
Winkel	140,4°	126°	28,8°	57,6°	7,2°

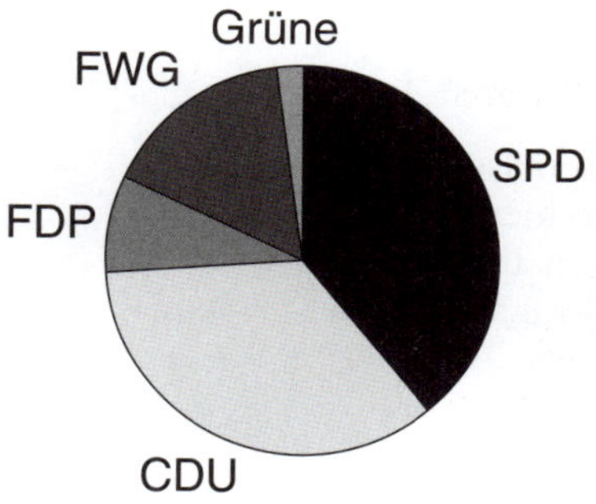

Winkel — Seite 10–11

Aufgabe 1

a) $\alpha = \gamma = 95°, \delta = 85°$
b) $\gamma = 17°, \beta = \delta = 163°$
c) $\alpha = \gamma = 76°, \beta = 104°$
d) $\alpha = 56°, \beta = \delta = 124°$

Aufgabe 2

a) $\gamma_1 = \gamma_2 = \alpha_2 = 48°, \beta_1 = \beta_2 = \delta_1 = \delta_2 = 132°$
b) $\delta_1 = \delta_2 = \beta_1 = 70°, \alpha_2 = \alpha_1 = \gamma_1 = \gamma_2 = 110°$
c) $\alpha_1 = \alpha_2 = \gamma_2 = 105°, \delta_1 = \delta_2 = \beta_1 = \beta_2 = 75°$
d) $\beta_1 = \beta_2 = \delta_1 = 143°, \alpha_2 = \alpha_1 = \gamma_2 = \gamma_1 = 37°$

Aufgabe 3

a) $S_4 = 360°$ b) $S_5 = 540°$ c) $S_8 = 1\,080°$

Bist du fit? Teste dein Wissen?

Aufgabe 1

a) $\delta = 66°, \beta = 100°, \gamma = \phi = 14°$
b) $\phi = 140°, \varepsilon = 32°, \alpha = \delta = 8°$
c) $\beta = 117°, \alpha = 50°, \gamma = \phi = 13°$

Aufgabe 2

Wenn gilt $a \parallel b$, dann ist $\delta_1 = 44°$. Weiterhin muss dann gelten $44° + 134° = 180°$. Aber: $44° + 134° = 178°$
Also sind die Geraden a und b **nicht** parallel.

Aufgabe 3

Die Winkel in einem gleichseitigen Dreieck sind alle **60°** groß.

Aufgabe 4

a) $\gamma = 42°, \beta = \delta = 138°$
b) $\alpha = 96°, \beta = \delta = 84°$
c) $\delta = 114°, \alpha = \gamma = 66°$
d) $\beta = 27°, \alpha = \gamma = 153°$

Konstruieren — Seite 11–12

Aufgabe 1

a) Tipp: SSS
b) Tipp: SWS
c) Tipp: SSW
d) Tipp: WSW

Aufgabe 2

Der Punkt F ist vom Punkt D 3,3 km und vom Punkt E 4,6 km entfernt.
Skizze:

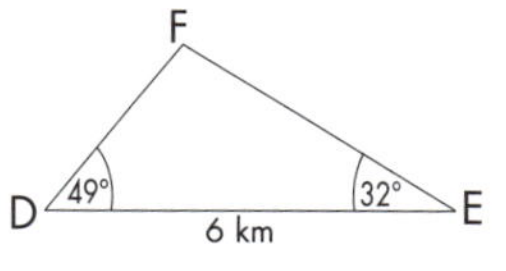

Aufgabe 3

a) $r_I = 1{,}7$ cm; $r_U = 3{,}6$ cm
b) $r_I = 1{,}2$ cm; $r_U = 2{,}5$ cm

Aufgabe 4

a) $h_a = 2{,}7$cm; $h_b = 5{,}5$ cm; $h_c = 2{,}8$ cm
$s_a = 3{,}4$ cm; $s_b = 5{,}5$ cm; $s_c = 3{,}6$ cm
b) $h_a = 4{,}1$ cm; $h_b = 5{,}6$ cm; $h_c = 7{,}2$ cm
$s_a = 4{,}2$ cm; $s_b = 7{,}2$ cm; $s_c = 8{,}3$ cm

Bist du fit? Teste dein Wissen!

Aufgabe 1

Es müssen die Mittelsenkrechten eingezeichnet werden. Ihr Schnittpunkt ist der Standort des Schwimmbads.

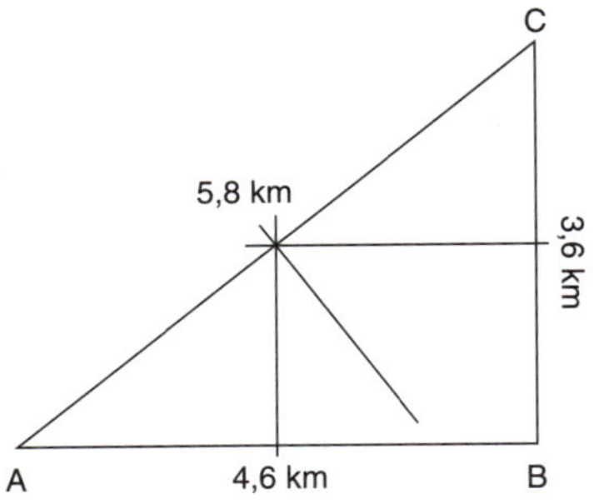

Aufgabe 2

a) Dann, wenn es sich um ein **stumpfwinkliges** Dreieck handelt.
b) Dann, wenn es sich um ein **rechtwinkliges** Dreieck handelt.

Aufgabe 4

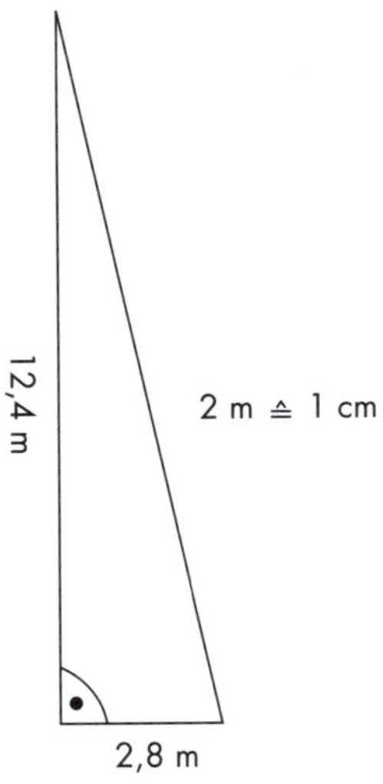

Die Leiter ist 12,71 m lang.

Flächeninhalt und Umfang

Seite 13–14

Aufgabe 1

a) $A = 13{,}5\ \text{cm}^2$, $U = 20\ \text{cm}$ b) $A = 4{,}44\ \text{dm}^2$, $U = 15{,}6\ \text{dm}$

Aufgabe 2

a) $A = 342\ \text{cm}^2$, $U = 74\ \text{cm}$ b) $A = 24{,}96\ \text{dm}^2$, $U = 20\ \text{dm}$

Aufgabe 3

a) $A = 2{,}25\ \text{cm}^2$, $U = 6\ \text{cm}$ b) $A = 6{,}25\ \text{dm}^2$, $U = 10\ \text{dm}$

Aufgabe 4

a) $A = 81{,}88\ \text{cm}^2$, $U = 37{,}4\ \text{cm}$ b) $A = 0{,}24\ \text{dm}^2$, $U = 2{,}2\ \text{dm}$

Aufgabe 5

a) $A = 0{,}3\ \text{cm}^2$ b) $A = 5{,}37\ \text{dm}^2$

Aufgabe 6

a) $A = 150\ \text{cm}^2$ b) $A = 11{,}7\ \text{dm}^2$

Aufgabe 7

a) $A = 70\ \text{cm}^2$ b) $A = 7{,}15\ \text{dm}^2$

Bist du fit? Teste dein Wissen!

Aufgabe 1

Die Dachfläche ist **72,25 m²** groß.

Aufgabe 2

Der Flächeninhalt beträgt **19,42 m²**.

Aufgabe 3

a) $A\ (0; 2)$ b) $A = 13\ \text{cm}^2$, $U = 15{,}8\ \text{cm}$

Aufgabe 4

a) $\text{I} = 4\,200\ \text{m}^2$, $\text{II} = 8\,600\ \text{m}^2$, $\text{III} = 8\,000\ \text{m}^2$
b) Gesamtfläche: $20\,800\ \text{m}^2$
c) Er bekommt 275 200 €.

Lösungen

Binomische Formeln — Seite 15

Aufgabe 1

a) $16 + 8r + r^2$
b) $4x + 36x + 81$
c) $16y^2 + 24xy + 9x^2$
d) $(3x + 2)^2$

e) $25 - 10x + x^2$
f) $9 - 30h + 25h^2$
g) $36k^2y^2 - 36kqy + 9q^2$
h) $(4a - 3b)^2$

i) $b^2 - 9$
j) $z^2 - t^2$
k) $\frac{1}{16} - \frac{1}{4}x^2$
l) $25x^2 - 4y^2$

Bist du fit? Teste dein Wissen!

Aufgabe 1

a) $a^2 - b^2$
b) $\frac{1}{16}t^2 + 2\frac{1}{2}t + 25$
c) $0{,}16x^2 - 0{,}4xy + 0{,}25y^2$
d) $(q + p)^2$
e) $(6 - h)(6 + h)$
f) $(10a + b)^2$

Aufgabe 2

a) $(x + 3)^2 = x^2 + 6x + 9$
b) $(x + 4)^2 = x^2 + 8x + 16$
c) $(b + 17a)^2 = b^2 + 34ab + 289a^2$
d) $(2z - 9)(2z + 9) = 4z^2 - 81$
e) $(2{,}5az - 3l)^2 = 6{,}25a^2z^2 - 15azl + 9l^2$
f) $(15a - 7b)(15a + 7b) = 225a^2 - 49b^2$

Lineare Gleichungen und Ungleichungen — Seite 15–17

Aufgabe 1

a) $y = -3$
b) $b = 17$
c) $m = \frac{5}{4} = 1\frac{1}{4}$
d) $x = -4$
e) $x = 5$
f) $y = -16$
g) $y = 138$
h) $q = 12$

Aufgabe 2

a) $a = 2$
b) $b = 8$
c) $a = -30$
d) $a = 21$
e) $b = 1$
f) $m = 10$
g) $q = 1{,}5$
h) $f = 3$
i) $a = 5$
j) $x = 4$
k) $x = 12$
l) $x = -6$

Aufgabe 3

a) $x < 7$
b) $j > 0{,}7$
c) $a > -5$
d) $d < 5$

Bist du fit? Teste dein Wissen!

Aufgabe 1

Die Basis hat eine Länge von **21,1 cm**.

Aufgabe 2

a) $f = 2$
b) $w = 17$
c) $m = 4$
d) $a = 7$
e) $e = \frac{7}{3} = 2\frac{1}{3}$
f) $x = -8$

Aufgabe 3

Die Höhe des Quaders darf nicht größer als 35,5 cm sein; $h \leq 35{,}5$ cm.
Tipp: Volumen Quader: $V = a \cdot b \cdot c$; hier gilt: $a = b$.

Aufgabe 4

$(4x + 5) \cdot 3 = 10x + 5x$; $x = 5$

Aufgabe 5

a) $x > 7$
b) $x \geq 2$
c) $x < -7$
d) $a > -0{,}8$
e) $x \geq 3$
f) $s < \frac{1}{4}$

Aufgabe 6

a) $6x + 12 > 0$; $x > -2$
b) $7{,}2 - \frac{x}{2} < 3{,}2$; $x > 8$

Lineare Funktionen

Seite 17–19

Aufgabe 1

a)

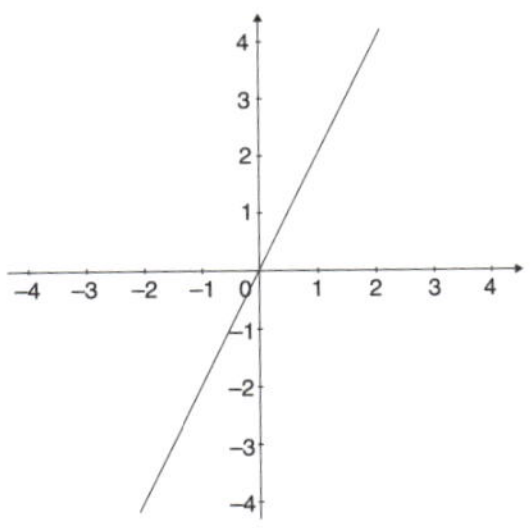

b)

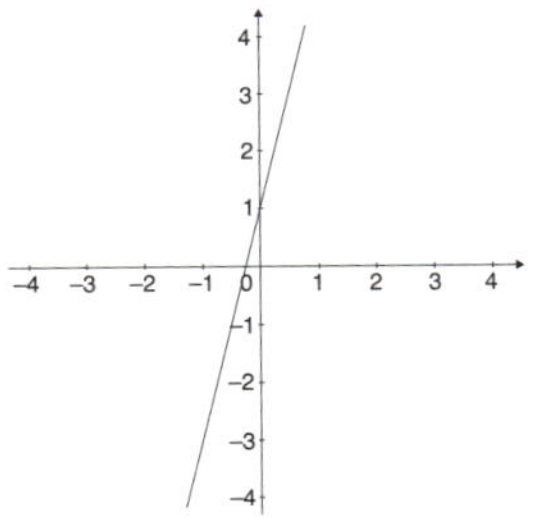

c)

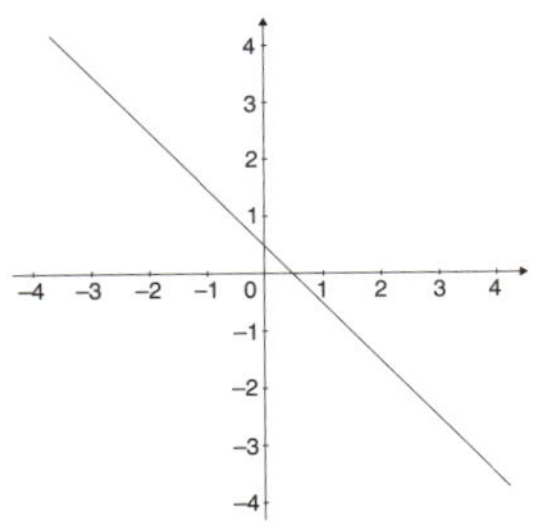

d)

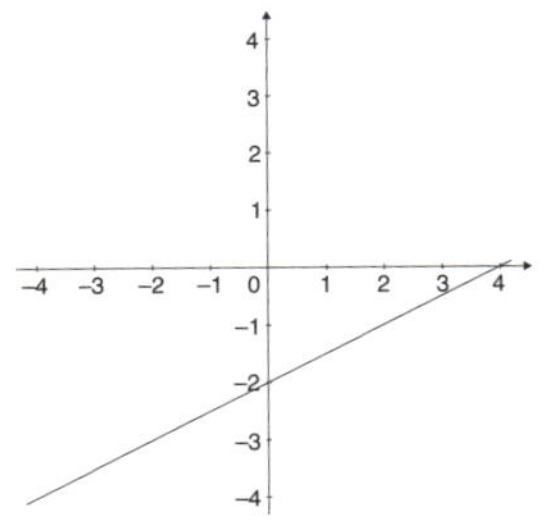

Aufgabe 2

Die Punkte P_1 und P_3 liegen auf der Funktionsgeraden.

Aufgabe 3

a) und b)

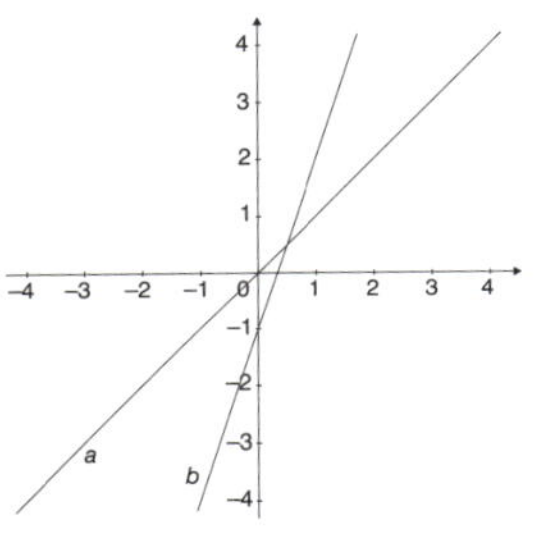

c) und d)

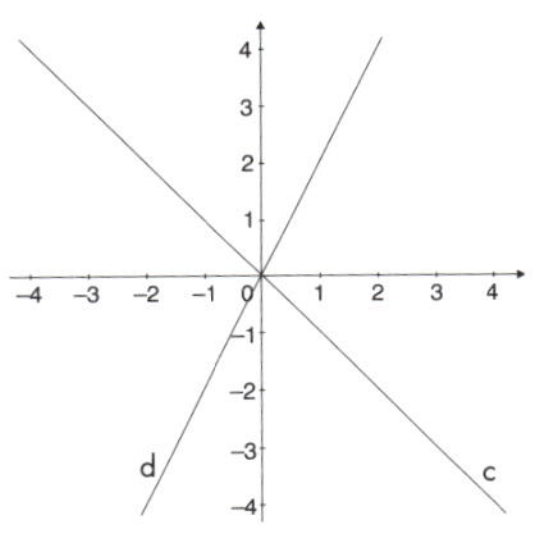

Aufgabe 4

G_1: $y = -3x + 1$
G_2: $y = x - 3$
G_3: $y = 2x + 2$
G_4: $y = 0{,}5x + 0{,}5$

Aufgabe 5

a) $y = -3x + 2{,}5$
b) $y = -2x + 2$
c) $y = 2x - 2$
d) $y = x + 2$

Bist du fit? Teste dein Wissen!

Aufgabe 1

$y = 1{,}2\,x$ y = Preis (€); x = Benzin (l)

x	y
10 l	12 €
15 l	18 €
20 l	24 €
40 l	48 €
50 l	60 €

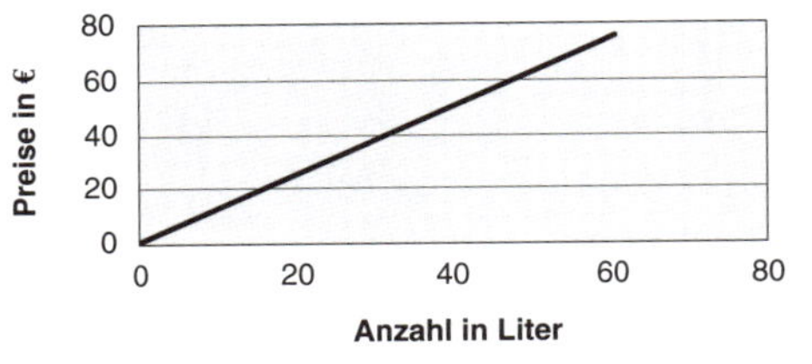

Aufgabe 2

a) $y = -2{,}5x + 7$
b) $y = 2x - 2$
c) $y = 0{,}5\,x + 3$;
Tipp: $b = 3$ in $y = mx + b$ einsetzen; dann P in $y = mx + 3$ einsetzen und nach m auflösen.

Aufgabe 3

a) P $(2; -\frac{1}{3})$ b) P $(-2; -1\frac{2}{3})$ c) P (18; 5)

Tipp: Jeweils den gegebenen x bzw. y Wert in $y = -1 + \frac{1}{3}x$ einsetzen und nach der gesuchten Variablen auflösen.

Aufgabe 4

a) $y = 4x - 7$ b) $y = 4x + 4$

Da die Gerade parallel zu $y = 4x + 1$ verlaufen soll, muss die Steigung (4) gleich bleiben; gegeben ist daher m und P, sodass die neue Gerade rechnerisch bestimmt werden kann.

Aufgabe 5

a) $y = 0{,}25x + 140$
b) Sie muss insgesamt **284,75 €** bezahlen.

Lineare Gleichungssysteme

Seite 19–21

Aufgabe 1

a) $x = 2$; $y = 10$
b) $x = 5$; $y = 2$
c) $b = -2{,}5$; $a = -2{,}75$
d) keine Lösung

Aufgabe 2

a) $a = 0$; $b = 6$
b) $t = 5$; $s = 6$
c) $a = -2$; $b = -5{,}5$
d) $x = 1{,}5$; $y = 1$

Aufgabe 3

a) $a = 2{,}5$; $b = 1{,}5$
b) $y = 6$; $x = 4$
c) $x = 4$; $y = 3$
d) $a = 1{,}5$; $b = 1$

Aufgabe 4

a) $x = 2$; $y = 1$
b) $x = 1{,}5$; $y = -1{,}5$
c) $x = 4$; $y = -2$

Aufgabe 5

Wenn das Gleichungssystem keine Lösung hat, **dann schneiden sich die beiden Funktionsgeraden nicht**, d. h. sie sind parallel.

Bist du fit? Teste dein Wissen!

Aufgabe 1

a) $x = 4$; $y = 6$
b) $x = 5$; $y = 1$
c) $x = 3$; $y = -1$
d) $x = 29{,}4$; $y = 89{,}2$
e) $x = 1{,}5$; $y = 1$
f) $x = 35$; $y = 120$

Aufgabe 2

a) Beispiellösung: $a = 4$; $b = 5$ oder $a = 4$; $b = 7$
b) $a = 4$; $b = 12$

Aufgabe 3

$y = -0{,}5x + 2$ $\quad$ $x = 2$; $y = 1$
$y = x - 1$
Tipp: Aufstellen von Gleichungen zu Funktionsgraphen s. Kapitel „Lineare Funktionen“, S. 18

Aufgabe 4

a) $x = 5$; $y = 3$

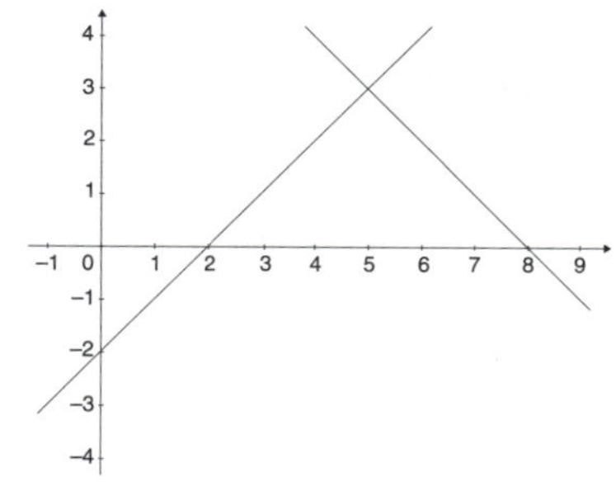

b) $x = 12$; $y = 5$

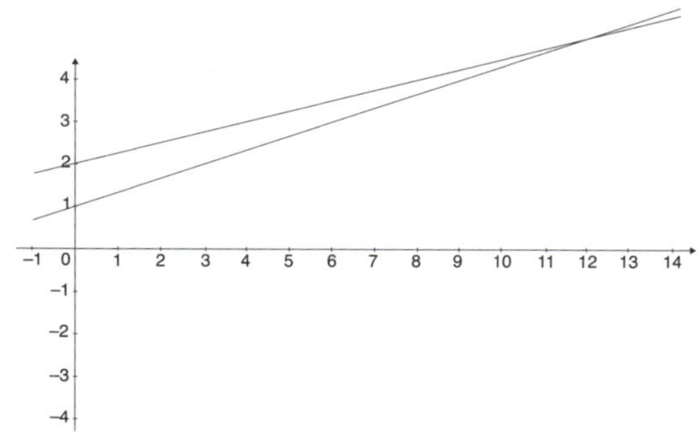

Aufgabe 5

$y + 7 = x$ $\quad$ $2x + y = 134$ $\quad$ $\mathbf{x = 47; y = 40}$

Aufgabe 6

$a \cdot h = 1\,587$ $\quad$ $a = 3h$ $\quad$ $\mathbf{h = 23, a = 69}$

Aufgabe 7

$5x - 43 = y$ $\quad$ $116 - 4y = 4x$ $\quad$ $\mathbf{x = 12; y = 17}$

Quadratische Gleichungen — Seite 22–24

Aufgabe 1

a) $x_{1/2} = \pm 17$
b) $x_{1/2} = \pm 12$
c) $x_{1/2} = \pm\sqrt{50\,041} = 223{,}7$
d) $x_{1/2} = \pm 2{,}5$
e) $x_{1/2} = \pm\sqrt{\frac{12}{13}} = 0{,}96$
f) $x_{1/2} = \pm\sqrt{\frac{171}{8}} = 4{,}62$
g) $x_{1/2} = 17{,}5$
h) $x_{1/2} = \pm\sqrt{2} = 1{,}41$

Aufgabe 2

a) $x_1 = 20$; $x_2 = -36$
b) $x_1 = 13$; $x_2 = -1$
c) $b_1 = 105$, $b_2 = -153$
d) $x_1 = 25$, $x_2 = -35$

Aufgabe 3

a) $x_1 = 0$; $x_2 = -6$
b) $x_1 = 0$; $x_2 = 7$
c) $x_1 = 0$; $x_2 = 15$
d) $x_1 = 0$; $x_2 = -12$

Aufgabe 4

a) $x + 6x + \mathbf{9}$
b) $x + 40x + \mathbf{400}$
c) $x - 12x + \mathbf{36}$
d) $x - 100x + \mathbf{2\,500}$

Aufgabe 5

a) $x_1 = 12$; $x_2 = -2$
b) $x_1 = 0$; $x_2 = -8$
c) keine Lösung
d) $x_1 = 10$; $x_2 = 4$

Aufgabe 6

a) $x_1 = 7$; $x_2 = -3$
b) $x_1 = 2$; $x_2 = -10$
c) $x_1 = 8$; $x_2 = -2$
d) $x = -1{,}4$

Aufgabe 7

a) Die p-q-Formel liefert genau eine Lösung, wenn **das Ergebnis der Wurzel gleich 0** ist (Diskriminante $\left(\frac{p}{2}\right)^2 - q = 0$).

b) Die p-q-Formel liefert keine Lösung, wenn **das Ergebnis der Wurzel kleiner 0**, also negativ ist (Diskriminante $\left(\frac{p}{2}\right)^2 - q < 0$).

Aufgabe 8

a) $x_1 = -2; x_2 = 4$
b) $x_1 = 0; x_2 = 2$
c) keine Lösung
d) $x_1 = 1; x_2 = 6$

zu 8 c)

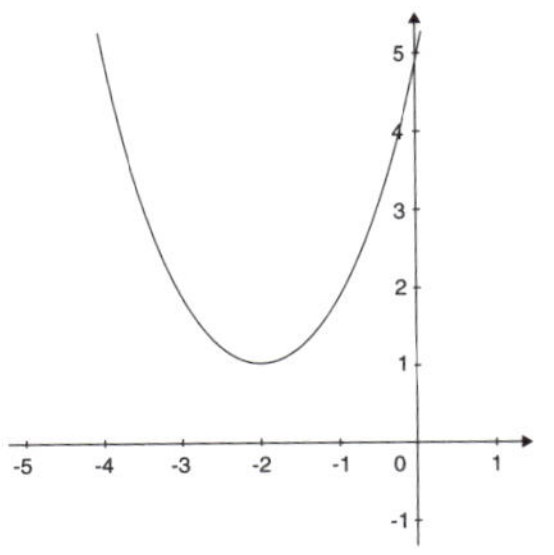

Aufgabe 9

Eine quadratische Gleichung hat
- genau eine Lösung, wenn der Scheitelpunkt der Parabel der einzige Schnittpunkt mit der x-Achse ist (a), bzw. wenn es zwischen Parabel und Gerade nur einen Schnittpunkt gibt (b).
- keine Lösung, wenn die Parabel keinen Schnittpunkt mit der x-Achse hat (a), bzw. wenn Parabel und Gerade keinen Schnittpunkt haben (b).

Bist du fit? Teste dein Wissen!

Aufgabe 1

a) $x^2 = x$ — $x_1 = 0, x_2 = 1$
b) $x^2 = -x + 2$ — $x_1 = -2, x_2 = 1$
c) $x^2 = -1{,}5$ — keine Lösung

Aufgabe 2

a) $x_{1/2} = \pm 3$
b) $x_{1/2} = \pm 8$
c) $x_{1/2} = \pm 10$
d) $x_{1/2} = \pm 0{,}8$

Aufgabe 3

a) $x_1 = 0{,}5, x_2 = -1$
b) $x_1 = 4, x_2 = 1{,}2$

Aufgabe 4

a) keine Lösung
b) $x_1 = 2{,}4, x_2 = 0$
c) keine Lösung
d) $x_1 = 2{,}9, x_2 = 0$
e) $x_1 = 10, x_2 = 0$
f) $x_1 = 17; x_2 = 1$

Aufgabe 5

$x_1 = 3, x_2 = -4$
Tipp: Erweitere die Gleichung zunächst mit 2, damit die Brüche entfallen.

Aufgabe 6

$a = 26$ m, $b = 18$ m
Tipp: Löse die Umfangsformel nach a oder b auf und setze dann in die Flächenformel ein.

Aufgabe 7

a) $a = 19{,}95$ cm, $b = 22{,}95$ cm — Tipp: $b = a + 3$
b) $g = 56$ dm, $h = 58$ dm — Tipp: $h = g + 2$

Aufgabe 8

a) $x^2 + 25 = 2\,234$ — $x_{1/2} = \pm 47$
b) $x^2 + 3x = 550$ — $x_1 = 22, x_2 = -25$
c) $(x-4)^2 = 3x - 3$ — $x_1 = 8{,}85, x_2 = 2{,}15$

Quadratische Funktionen — Seite 25–27

Aufgabe 1

a) nach oben geöffnet
b) nach oben geöffnet
c) nach unten geöffnet
d) nach unten geöffnet

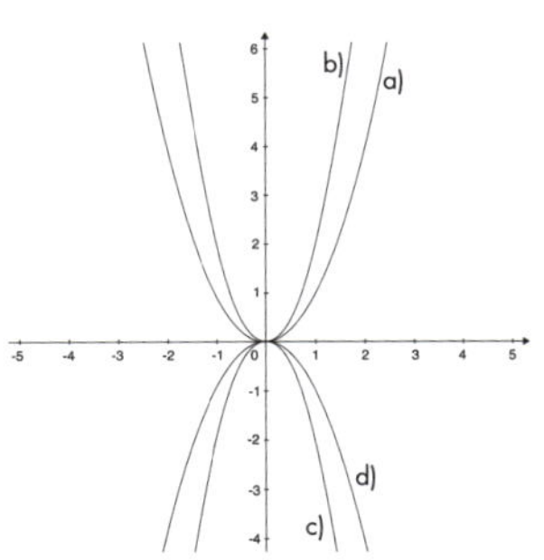

Aufgabe 2

a) $y = (x-7)^2$, S (7; 0)
b) $y = x^2 - 3$, S (0; –3)
c) $y = (x-2)^2 + 5$, S (2; 5)
d) $y = (x+1)^2 - 2$, S (–1; –2)

Aufgabe 3

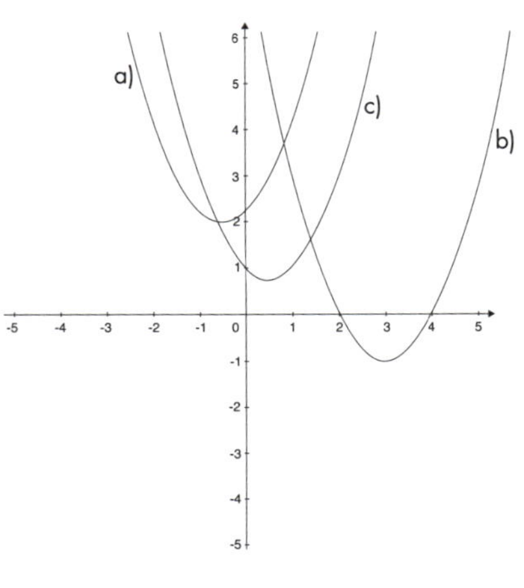

Aufgabe 4

a) $y=(x+3)^2-4$
b) $y=(x+4)^2-9$
c) $y=(x-0{,}5)^2-0{,}75$
d) $y=(x+1{,}5)^2+1{,}75$

Aufgabe 5

a) $y=x^2-8x+22$
b) $y=(x-2)^2-1=x^2-4x+3$

Aufgabe 6

a) $y=-3\,(x-1)^2+8$, S (1; 8)
b) $y=-1{,}5\,(x+2)^2-1{,}5$, S (–2; 1,5)
c) $y=-(x-\frac{1}{6})^2+\frac{1}{36}$, S $(\frac{1}{6};\frac{1}{36})$

Aufgabe 7

a) $y=4\,(x+2)^2-3=4x^2+16x+13$
b) $y=-0{,}5\,(x-5)^2+1=-0{,}5x^2+5x-11{,}5$

Bist du fit? Teste dein Wissen!

Aufgabe 1

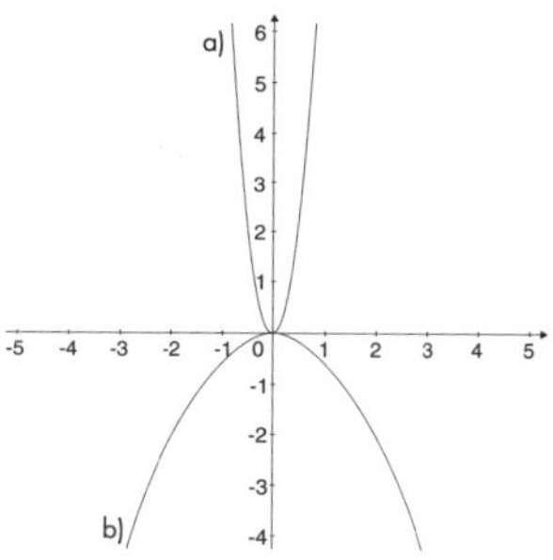

Aufgabe 2

Der Punkt P_2 liegt auf der Parabel zur Funktionsgleichung y_3.
Der Punkt P_3 liegt auf der Parabel zur Funktionsgleichung y_2.

Aufgabe 3

a) $y=(x+3)^2-4$
b) $y=x^2-6x+11$
c) $y=(x-0{,}375)^2+\frac{239}{576}$
d) $y=3x^2+30x+66$
e) $y=\frac{3}{2}(x+\frac{8}{3})^2-8\frac{1}{6}$
f) $y=(x+1{,}5)^2+1{,}75$
g) $y=4x^2+16x+11$
h) $y=(x-2)^2+1{,}5$

Aufgabe 4

a) $y=(x-3)^2-2$
b) $y=(x+1)^2-1$
Tipp: Berechne zunächst mithilfe P_1 und P_2 p und q der Normalform (s. Lineare Gleichungssysteme, S. 19 f.) und forme dann in die Scheitelform um.

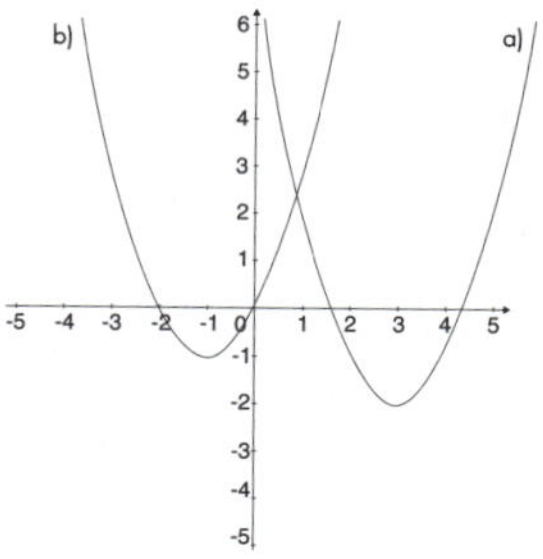

Aufgabe 5

a) $x_1=-1$; $x_2=-7$
b) $x_1=1{,}24$; $x_2=-3{,}24$
c) $x_1=1{,}65$; $x_2=-3{,}65$

Aufgabe 6

Für $x=5$ **m** ist der Flächeninhalt des Rechtecks am größten.
Tipp: Es gilt $2x+2y=20$. Löse die Formel nach y auf und setze das Ergebnis in die Flächeninhaltsformel ein. Dann wandle in die Scheitelform um.

Aufgabe 7

Da sie eine Weite von **7,50 cm** erzielt, knackt sie den Weltrekord.
Tipp: Berechne die Nullstellen der Funktion.

Kreis — Seite 27–28

Aufgabe 1

a) $A=254{,}47\ \text{cm}^2$, $U=56{,}55$ cm
b) $A=37{,}7\ \text{dm}^2$, $U=113{,}1$ dm
c) $A=4{,}52\ \text{m}^2$, $U=7{,}54$ m

Aufgabe 2

a) $A=12{,}57\ \text{cm}^2$, $b=6{,}28$ cm
b) $A=3{,}5\ \text{dm}^2$, $b=2{,}59$ dm
c) $A=12{,}06\ \text{m}^2$, $b=10{,}05$ m

Aufgabe 3

a) $A=238{,}76\ \text{cm}^2$
b) $A=26{,}14\ \text{dm}^2$
c) $A=11{,}78\ \text{m}^2$

Bist du fit? Teste dein Wissen!

Aufgabe 1

a) $d=12$ mm, $A=113{,}1\ \text{mm}^2$, $U=37{,}7$ mm
b) $r=0{,}5$ m, $A=0{,}79\ \text{m}^2$, $U=3{,}14$ m
c) $r=1{,}91$ cm, $d=3{,}82$ cm, $A=11{,}46\ \text{cm}^2$
d) $r=1$ dm, $d=2$ dm, $U=6{,}28$ dm

Aufgabe 2

Der Fahrstuhl wird bei einer Umdrehung **5,65 m** nach oben gezogen.

Aufgabe 3

a) $\alpha = 179{,}91°$; $A = 157\ \text{cm}^2$
b) $\alpha = 135°$; $b = 7{,}54\ \text{dm}$
c) $r = 18\ \text{m}$; $A = 636{,}17\ \text{m}^2$

Aufgabe 4

Der Zeiger legt eine Strecke von **14,4 cm** zurück.

Aufgabe 5

a) $r_1 = 0{,}4\ \text{cm}$ b) $r_2 = 4\ \text{dm}$ c) $A = 276{,}46\ \text{m}^2$

Aufgabe 6

a) Die Kreisinsel hat einen Flächeninhalt von **1 963,5 m²**.
b) 1. Spur: $A = 412{,}33\ \text{m}^2$; 2. Spur: $A = 451{,}60\ \text{m}^2$; 3. Spur: $A = 490{,}87\ \text{m}^2$
c) Es müssen insgesamt **1 354,80 m²** geteert werden.

Aufgabe 7

a) $b_1 = 37{,}7\ \text{cm}$, $A_1 = 226{,}19\ \text{cm}^2$
b) $b_2 = 37{,}7\ \text{cm}$, $A_2 = 56{,}55\ \text{cm}^2$
c) $b_3 = 37{,}7\ \text{cm}$, $A_3 = 18{,}85\ \text{cm}^2$
d) Die Länge der Kreisbögen ist immer gleich; da $r_1 = 4 \cdot r_2 = 12 \cdot r_3$ gilt $b_2 = 4 \cdot r_2 \cdot \pi = r_1 \cdot \pi$ und $b_3 = 12 \cdot r_3 \cdot \pi = r_1 \cdot \pi$. Flächeninhalt: $A_1 = 4 \cdot A_2 = 12 \cdot A_3$; Die Anzahl der Bögen stimmt mit dem Vervielfachungsfaktor überein.

Satzgruppe des Pythagoras — Seite 29–31

Aufgabe 1

a) $a^2 = b^2 + c^2$ b) $y^2 = x^2 + z^2$

Aufgabe 2

a) $c = 10\ \text{cm}$ b) $c = 4{,}7\ \text{m}$ c) $c = 12{,}87\ \text{dm}$

Aufgabe 3

a) $20^2 = 12^2 + 16^2$
Das Dreieck ist rechtwinklig.
b) $(2{,}2)^2 \neq (1{,}4)^2 + (1{,}8)^2$
Das Dreieck ist nicht rechtwinklig.

Aufgabe 4

a) $a^2 = b \cdot q$ und $c^2 = b \cdot p$ b) $t^2 = u \cdot x$ und $s^2 = u \cdot y$

Aufgabe 5

a) $c = 7\ \text{cm}$; $b = 5{,}6\ \text{cm}$; $a = 4{,}2\ \text{cm}$
b) $q = 7\ \text{cm}$; $b = 15{,}1\ \text{cm}$ $b = 11{,}5\ \text{cm}$
c) $c = 0{,}9\ \text{m}$; $q = 0{,}5\ \text{m}$ $b = 0{,}67\ \text{m}$

Aufgabe 6

a) $m^2 = n \cdot o$ b) $h^2 = x \cdot y$

Aufgabe 7

a) $h = 3{,}4\ \text{cm}$
b) $q = 30{,}1\ \text{cm}$
c) $q = 32\ \text{cm}$

Bist du fit? Teste dein Wissen!

Aufgabe 1

a) $u^2 = s^2 + t^2$
b) $t^2 = u \cdot w$ und $s^2 = u \cdot v$
c) $x^2 = v \cdot w$

Aufgabe 2

Die Leiter erreicht eine Höhe von **23,98 m**.

Aufgabe 3

Das Rechteck hat einen Flächeninhalt von **4 960,5 cm²** ($b = 66{,}14\ \text{m}$).

Aufgabe 4

Die Dachfläche des Turmdaches beträgt **115,36 m²** ($s = 7{,}21\ \text{m}$).

Aufgabe 5

Ja, es ist möglich (Diagonale der Tür = 2,28 m).

Aufgabe 6

Der Graben ist **2,45 m** tief.

Aufgabe 7

Der Kegel hat eine Höhe von **6,24 dm**.

Lösungen

Strahlensätze Seite 31–33

Aufgabe 1

a) $\frac{s_1}{u} = \frac{t_1}{v}$

b) $\frac{t_1}{t_2} = \frac{s_1}{s_2}$

c) $\frac{u}{s_2} = \frac{v}{t_2}$

d) $\frac{v}{t_1} = \frac{u}{s_1}$

Aufgabe 2

Tipp: $u = s_1 + s_2$; $v = t_1 + t_2$

a) $v = 9$ cm; $s_2 = 8$ cm; $t_2 = 6$ cm
b) $s_2 = 6{,}6$ mm; $u = 9{,}9$ mm; $v = 3{,}6$ mm
c) $u = 6{,}4$ m; $s_1 = 2{,}4$ m; $t_1 = 3$ m
d) $v = 6{,}4$ dm; $t_1 = 5{,}2$ dm; $s_2 = 1{,}2$ dm

Aufgabe 3

a) $\frac{s_1}{u} = \frac{w_1}{w_2}$ b) $\frac{t_1}{v} = \frac{w_1}{w_2}$ c) $\frac{w_2}{w_1} = \frac{u}{s_1}$

Aufgabe 4

a) $v = 9$ cm; $w_2 = 6$ cm
b) $s_1 = 3{,}2$ mm; $v = 1{,}8$ mm
c) $s_1 = 4{,}5$ cm, $w_1 = 3$ cm

Bist du fit? Teste dein Wissen!

Aufgabe 1

Die Strecke $|AB|$ ist **1 500 m** lang.

Aufgabe 2

Der Turm ist **34,2 m** hoch.

Aufgabe 3

Das Sektglas ist **17 cm** hoch.
Es befinden sich **51,313 ml** Flüssigkeit in dem Sektglas.

Aufgabe 4

Der Fluss ist **2,57 m** breit.

Aufgabe 5

Die Brücke muss mindestens **126 m** lang sein.

Oberfläche und Volumen Seite 33–37

Aufgabe 1

a) $O = 486$ cm²; $V = 729$ cm³
b) $O = 29{,}04$ dm²; $V = 10{,}65$ dm³
c) $O = 108{,}38$ m²; $V = 76{,}77$ m³

Aufgabe 2

a) $a = 3$ cm b) $a = 1{,}1$ dm c) $a = 4$ m

Aufgabe 3

a) $O = 382$ cm²; $V = 504$ cm³
b) $O = 185{,}92$ dm²; $V = 169{,}73$ dm³

Aufgabe 4

a) $c = 2$ cm; $O = 520$ cm²
b) $a = 7{,}3$ dm; $V = 256{,}67$ dm³

Aufgabe 5

a) $O = 175{,}2$ cm²; $V = 124{,}8$ cm³
b) $O = 159{,}6$ mm²; $V = 108$ mm³
c) $O = 32{,}68$ m²; $V = 9$ m³

Aufgabe 6

a) $b = 9$ cm; $V = 60$ cm³ b) $h_k = 9$ dm; $O = 478$ dm²

Aufgabe 7

a) $O = 62{,}83$ cm²; $V = 37{,}7$ cm³
b) $O = 724{,}07$ dm²; $V = 1\,115{,}29$ dm³
c) $O = 12{,}57$ m²; $V = 3{,}142$ m³

Aufgabe 8

a) $h_k = 4$ cm; $O = 483{,}81$ cm²
b) $r = 3{,}9$ dm; $O = 222{,}99$ dm²
c) $h_k = 7{,}69$ m; $V = 295{,}95$ m²

Aufgabe 9

a) $O = 113{,}1$ cm²; $V = 75{,}4$ cm³
b) $O = 2\,770{,}88$ cm²; $V = 8\,415{,}28$ cm³

Aufgabe 10

a) $O = 245{,}04$ cm²; $V = 301{,}593$ cm³
b) $h = 45$ cm; $O = 1\,413{,}72$ cm²
c) $h_k = 4{,}7$ cm; $s = 3{,}5$ cm

Aufgabe 11

a) $O = 128{,}02\ \text{cm}^2$; $V = 77{,}49\ \text{cm}^3$
b) $O = 555{,}75\ \text{dm}^2$; $V = 732{,}47\ \text{dm}^3$

Aufgabe 12

a) $O = 1\,800{,}13\ \text{cm}^2$; $h_k = 18\ \text{cm}$
b) $s = 5\ \text{m}$; $V = 175{,}93\ \text{m}^3$

Aufgabe 13

a) $O = 244{,}72\ \text{cm}^2$; $V = 177{,}744\ \text{cm}^3$
b) $O = 165{,}11\ \text{cm}^2$; $V = 87{,}374\ \text{cm}^3$

Aufgabe 14

a) $a = 12{,}5\ \text{cm}$; $h_s = 9{,}38\ \text{cm}$
b) $h_s = 19{,}3\ \text{cm}$; $V = 2\,893{,}48\ \text{cm}^3$

Aufgabe 15

a) $O = 700\ \text{cm}^2$; $V = 1\,043{,}73\ \text{cm}^3$
b) $O = 182\ \text{cm}^2$; $V = 136{,}93\ \text{cm}^3$
c) $O = 10\,449{,}87\ \text{cm}^2$; $V = 61\,392{,}4\ \text{cm}^3$

Aufgabe 16

a) $O = 804{,}25\ \text{cm}^2$; $V = 2\,144{,}661\ \text{cm}^3$
b) $O = 60{,}82\ \text{cm}^2$; $V = 44{,}6\ \text{cm}^3$
c) $O = 226{,}98\ \text{cm}^2$; $V = 321{,}555\ \text{cm}^3$

Aufgabe 17

a) $r = 2{,}1\ \text{cm}$ b) $r = 0{,}76\ \text{dm}$ c) $r = 2{,}48\ \text{cm}$

Bist du fit? Teste dein Wissen!

Aufgabe 1

a) Das Wasser steht **10,19 cm** hoch.
b) Der Behälter fasst insgesamt ca. **58,9 l**.

Aufgabe 2

Es müssen **2 304 000 m³** Erde transportiert werden.

Aufgabe 3

Die Kantenlänge der Grundfläche ist **8,66 cm** lang.

Aufgabe 4

Insgesamt sind es **37,62 m³** Kies mit einem Gewicht von **67,72 t.** Also muss der LKW 4-mal fahren.

Aufgabe 5

Es werden ca. **1 520,5 cm²** Leder benötigt.

Aufgabe 6

a) Das Becken fasst **1 900 000 l.**
b) Eine Komplettfüllung kostet **1 520 €.**

Aufgabe 7

Es werden **0,17 m²** Lampenschirmbezug benötigt.

Trigonometrie — Seite 37–40

Aufgabe 1

$\sin\alpha = \frac{s}{v}$; $\sin\beta = \frac{t}{v}$; $\cos\alpha = \frac{t}{v}$; $\cos\beta = \frac{s}{v}$;
$\tan\alpha = \frac{s}{t}$; $\tan\beta = \frac{t}{s}$

Aufgabe 2

a) $\beta = 45°$, $a = b = 4{,}2\ \text{cm}$
b) $\alpha = 60°$, $a = 4{,}3\ \text{dm}$, $b = 2{,}5\ \text{dm}$
c) $\beta = 37°$, $b = 2{,}6\ \text{cm}$, $c = 4{,}4\ \text{cm}$
d) $\alpha = 18°\text{m}$, $c = 87{,}4\ \text{mm}$, $b = 83{,}1\ \text{mm}$

Aufgabe 3

$\frac{\sin\delta}{\sin\sigma} = \frac{x}{y}$; $\frac{\sin\varepsilon}{\sin\sigma} = \frac{y}{z}$; $\frac{\sin\sigma}{\sin\delta} = \frac{z}{x}$

Aufgabe 4

a) $\gamma = 107°$; $b = 3\ \text{cm}$; $c = 6{,}54\ \text{cm}$
b) $\beta = 110°$; $a = 0{,}25\ \text{m}$; $b = 1{,}36\ \text{m}$
c) $\gamma = 56{,}4°$; $\alpha = 93{,}6°$; $a = 8{,}4\ \text{dm}$

Aufgabe 5

$y^2 + z^2 - 2yz \cdot \cos\delta = x^2$; $z^2 + x^2 - 2zx \cdot \cos\varepsilon = y^2$;
$x^2 + y^2 - 2xy \cdot \cos\sigma = z^2$

Aufgabe 6

a) $\alpha = 101°$; $\beta = 34°$; $c = 5{,}04\ \text{cm}$
b) $\alpha = 44{,}8°$, $\gamma = 23{,}2°$; $b = 11{,}56\ \text{mm}$
c) $\alpha = 4{,}9°$; $\beta = 167°$; $c = 2{,}05\ \text{m}$
d) $\alpha = 87{,}8°$; $\beta = 54°$; $\gamma = 38{,}2°$

Bist du fit? Teste dein Wissen!

Aufgabe 1

Der Sendeturm ist **77,74 m** hoch.

Aufgabe 2

a) Die Leiter reicht **2,9 m** hoch.
b) Die Fußpunkte der Leiter stehen **2,7 m** auseinander.

Aufgabe 3

$\beta = 56°$, $\delta = 72°$; $|AB| = 4{,}8$ cm; $|BC| = 5{,}7$ cm; $|CD| = 4{,}4$ cm; $|DA| = 4{,}1$ cm

Aufgabe 4

a) $c = 6{,}5$ cm; $\alpha = 45°$; $\beta = 85°$; $U = 21$ cm; $A = 19{,}55\ \text{cm}^2$
b) $a = 12{,}3$ mm; $\beta = 46{,}3°$; $\gamma = 60{,}7°$; $h_c = 8{,}89$ mm; $U = 32{,}8$ mm; $A = 49{,}84\ \text{mm}^2$
c) $\gamma = 16{,}5°$; $\alpha = 139{,}5°$; $\beta = 24°$; $h_a = 40{,}3$ m; $U = 227$ m; $A = 2\,216{,}5\ \text{m}^2$

Aufgabe 5

Der Drachen steht **45,81 m** hoch.

Aufgabe 6

Der Silo hat eine Größe von **14,43 m**.

Aufgabe 7

a) $|AD| = 4{,}32$ km; $|BD| = 2{,}78$ km; $|CD| = 3{,}44$ km
b) Die Ortschaften B und C liegen **1,13 km** auseinander.

Aufgabe 8

a) Der Weg wird **124 m** lang.
b) $\alpha = 81{,}4°$; $\beta = 65{,}3°$; $\gamma = 33{,}3°$

Potenzen und Wurzeln — Seite 40–42

Aufgabe 1

a) $343; 256; \frac{1}{3\,125}; 16; \frac{1}{81}; -243; \frac{4}{9}$

b) $6^3; -0{,}5^3; 9^2; 2^{-3}; \left(\frac{12}{13}\right)^2; 2^3; 8^3; 0{,}5^2$

Aufgabe 2

a) $4^3 > 4 \cdot 3$
b) $5^2 > 5 \cdot 2$
c) $9^4 > 9 \cdot 4$
d) $3^3 > 3^{-3}$
e) $\left(\frac{1}{3}\right)^3 > \left(\frac{1}{3}\right)^4$

Aufgabe 3

a) 20^8
b) 2^{-5}
c) $(-4)^6$
d) $\left(\frac{3}{4}\right)^5$
e) $6a^5$
f) 10^3
g) -7^2
h) $2x^2$
i) $(x-y)^2$
j) c^{x+y}

Aufgabe 4

a) 6^{-5}
b) 100^3
c) $(ab)^5$
d) 60^x
e) $(mno)^z$
f) $1^4 = 1$
g) 2^4
h) 5^3
i) $\left(\frac{x}{y}\right)^6$
j) $8\left(\frac{x}{y}\right)^2$

Aufgabe 5

a) 4^8
b) $0{,}2^{-6}$
c) $\left(\frac{1}{2}\right)^{15}$
d) y^{ab}
e) $\left(\frac{xy}{z}\right)^{15}$
f) $3^6 \cdot a^{3m} \cdot b^{3n}$

Aufgabe 6

a) 9
b) 0,6
c) 18
d) 2
e) 2
f) 7
g) 5
h) 8
i) $\frac{5}{8}xy$
j) $\frac{abxy^2}{4} \cdot \sqrt{7}$
k) 2
l) 1

Bist du fit? Teste dein Wissen!

Aufgabe 1

a) s^4t^4
b) $12r^6$
c) $6d^6e^3f^4$
d) u^2v^2
e) $\frac{1}{2}x^3$
f) $3e^2$

Aufgabe 2

a) 9^4
b) 3^3
c) 10^{m+1}
d) $y^{-2}z^4$
e) $\left(\frac{4}{3}\right)^4$

Aufgabe 3

a) 1
b) m^{5a+5}
c) 1
d) k^{6ab}
e) $\frac{20}{21}$
f) $\frac{13}{18}$
g) 9
h) 8
i) $2^{\frac{2}{3}}$
j) a^3
k) $t^{\frac{4}{3}}$
l) $e^{\frac{1}{2}}$
m) $\frac{1}{4}^{\frac{7}{6}}$
n) $a^{\frac{1}{4}}$
o) $x^{\frac{5}{3}}\,y^{\frac{8}{5}}$
p) 7
q) $xyz\sqrt{\frac{3x}{8}}$
r) $a^2b^2xy\sqrt{\frac{21ab}{20}}$

Potenzfunktionen — Seite 42–43

Aufgabe 1

a) $y = 64$
b) $y = 91{,}125$
c) $y = -1{,}782$
d) $y = \frac{1}{8} = 0{,}125$

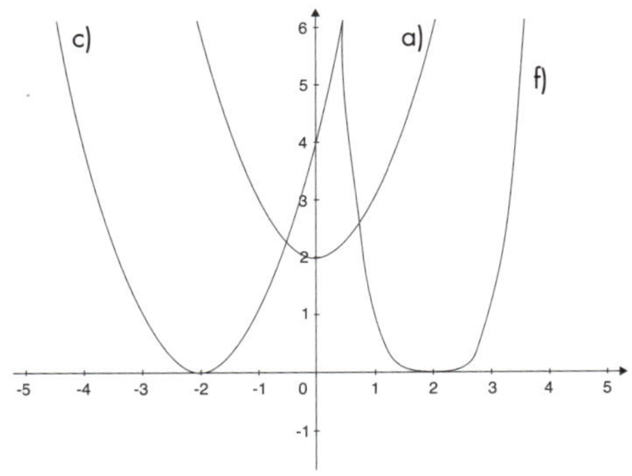

Aufgabe 2

Die Punkte P_1 und P_3 gehören zum Funktionsgraphen G_{f1}; die Punkte P_1, P_2 und P_5 zu G_{f2}.

Aufgabe 3

a) $y = 32$
b) $y = 7{,}59$
c) $y = -97{,}66$
d) $y = \frac{1}{1\,024}$

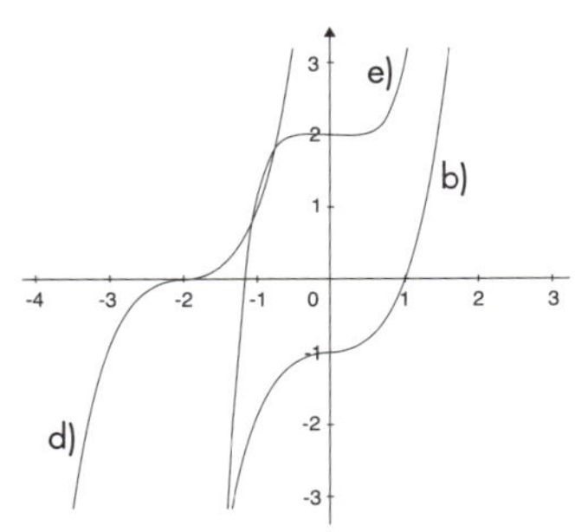

Aufgabe 4

Die Punkte P_1 und P_3 gehören zu G_{f1}; die Punkte P_1, P_2 und P_4 zu G_{f2}.

Bist du fit? Teste dein Wissen!

Aufgabe 1

a) Die Normalparabel wurde um 2 Einheiten nach oben verschoben.
b) Der Graph zu $y = x^3$ wurde um 1 Einheit nach unten verschoben.
c) Die Normalparabel wurde um 2 Einheiten nach links verschoben.
d) Der Graph zu $y = x^3$ wurde um 2 Einheiten nach links verschoben.
e) Der Graph zu $y = x^5$ wurde um 2 Einheiten nach oben verschoben.
f) Der Graph zu $y = x^4$ wurde um 2 Einheiten nach rechts verschoben.

Aufgabe 2

a) $P_1\ (2; 16)$
b) $P_2\ (-2; -32)$
c) $P_3\ (-3; -27)$
d) $P_4\ (2; 16)$

Aufgabe 3

a) $a = 1$ cm
b) $a = 4$ cm
c) $a = 1{,}5$ cm
d) $a = 9$ cm

Lösungen

Exponentialfunktionen und Logarithmus — Seite 43–46

Aufgabe 1

a)

Modell A		
Monat	Spenden-beitrag	Gesamt-summe
1	10 €	10 €
2	15 €	25 €
3	20 €	45 €
4	25 €	70 €
5	30 €	100 €
6	35 €	135 €
7	40 €	175 €
8	45 €	220 €
9	50 €	270 €
10	55 €	325 €
11	60 €	385 €
12	65 €	450 €
13	70 €	520 €
14	75 €	595 €
15	80 €	675 €

Modell B		
Monat	Spenden-beitrag	Gesamt-summe
1	0,04 €	0,04 €
2	0,08 €	0,12 €
3	0,16 €	0,28 €
4	0,32 €	0,60 €
5	0,64 €	1,24 €
6	1,28 €	2,52 €
7	2,56 €	5,08 €
8	5,12 €	10,20 €
9	10,24 €	20,44 €
10	20,48 €	40,92 €
11	40,96 €	81,88 €
12	81,92 €	163,80 €
13	163,84 €	327,64 €
14	327,68 €	655,32 €
15	655,36 €	1 310,68 €

Modell B sollte gewählt werden.

b) Modell A: $y = 5 + 5x$ Modell B: $y = 0{,}02 \cdot 2^x$

Aufgabe 2

a) 10 Tage → 0,5 g;
20 Tage → 0,25 g;
50 Tage → 0,03125 g;
100 Tage → 0,000976562 g

b) $(0{,}5)^{\frac{1}{10}} \approx 0{,}93$ g

c) $(0{,}5)^{\frac{x}{10}}$

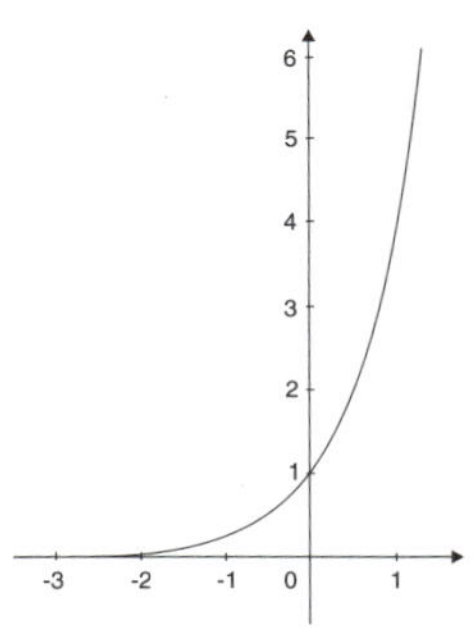

Aufgabe 3

P_1 (1,5; 8); P_2 (0,5; 2); P_3 (1; 4); P_4 (–0,5; 0,5)

Aufgabe 4

a)

Anzahl Jahre	Kapital in €
0	5
1	5,35
2	5,72
3	6,13
4	6,55
5	7,01
8	8,59
10	9,84
15	13,80
20	19,35

b) $y = 5 \cdot 1{,}07^x$

c) nach ca. 10 Jahren

Aufgabe 5

a) $y = 5\,650 \cdot 0{,}98^x$

b) Nach 15 Tagen haben die Aktien noch einen Wert von **4 172,92 €.**

c)

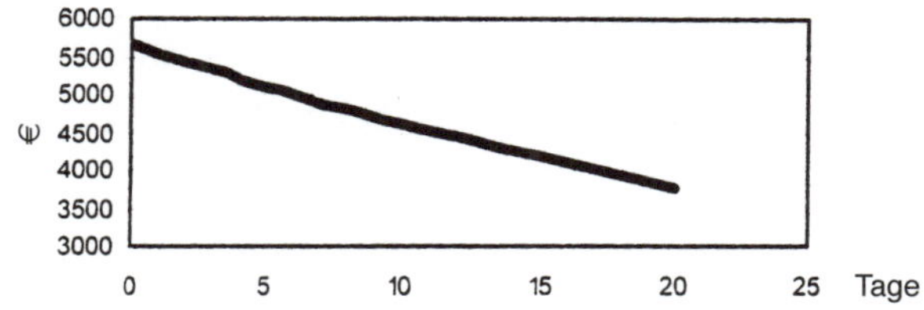

Aufgabe 6

a) 4
b) 2
c) 4
d) 4
e) 9
f) $z = 16$
g) $z = 128$
h) $z = 25$
i) $z = 1$
j) $b = 9$
k) $b = 5$
l) $b = 4$

Aufgabe 7

a) 2,34
b) 2,95
c) 3,75
d) 4,24
e) keine Lösung
f) 6,47

Aufgabe 8

a) 0,862
b) 1,431
c) 1,862

Aufgabe 9

a) $\log_4 50$
b) $\log_x 21$
c) $\log_x ab$

Aufgabe 10

a) $\log_5 1 - \log_5 2$
b) $\log_4 5^3$
c) $\log_a 2 - \log_a 7$
d) $2 \log_5 6$
e) $\log_{10} \frac{5}{3}$
f) $x \log_{10} 5$
g) $\log_w (14)^3$
h) $\log_w \frac{a}{bc}$

Bist du fit? Teste dein Wissen!

Aufgabe 1

a)

Anzahl Jahre	Kapital in €
0	4 400,00
1	4 615,60
2	4 841,76
3	5 079,01
5	5 588,95
10	7 099,17

b) $y = 4\,400 \cdot 1{,}049^x$

c)

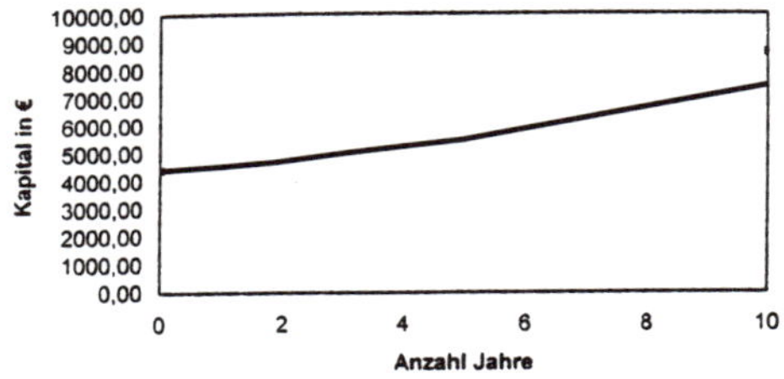

Aufgabe 2

a) $5 \log_b y$

b) $k \cdot \log_c a$

c) $\log_5 r + \log_5 5 = \log_5 r + 1$

d) $\log_3 8 - \log_3 3 = \log_3 8 - 1$

e) $\log_b a + \log_b b + \log_b y^5$

f) $2 \cdot \log_b \frac{m}{n}$

g) $\log_e (f \cdot m)$

h) $\log_b 3^h$

Aufgabe 3

a) IV b) I c) II d) III

Aufgabe 4

a) P_2 b) $P_1; P_5$ c) $P_3; P_4; P_5$

Aufgabe 5

a)

Monate	Fläche in dm²
0	1,00
1	2,00
2	4,00
3	8,00
4	16,00
8	256,00
10	1 024,00

b) $y = 2^x$

Stochastik Seite 46–49

Aufgabe 1

a) Ereignisse: „Kopf", „Zahl"
'Ω = {K, Z} 'Ω = 2 $P = \frac{1}{2}$

b) Ereignisse: „1", „2", „3" … „47", „48", „49"
'Ω = {1, 2, 3 … 47, 48, 49} 'Ω = 49 $P = \frac{1}{49}$

c) Ereignisse: „Karo 7", „Karo 8" … „Karo König", „Karo Ass"
„Herz 7" …
„Pik 7" …
„Kreuz 7" …
'Ω = {Karo 7 … Kreuz Ass} 'Ω = 32 $P = \frac{1}{32}$

Aufgabe 2

a) $P = \frac{1}{175}$

b) **600 Flaschen** werden wahrscheinlich fehlerhaft sein.

Aufgabe 3

a) $P = \frac{4}{12} = \frac{1}{3}$

b) $P = \frac{2}{3}$

c) $P = 0$

d) $P = \frac{1}{6}$

e) $P = \frac{1}{6}$

Aufgabe 4

a) $P = \frac{1}{4}$

b) $P = \frac{1}{13}$

c) $P = \frac{5}{13}$

d) $P = \frac{8}{13}$

e) $P = \frac{11}{26}$

Aufgabe 5

a) $P = \frac{4}{9}$

b) $P = \frac{1}{9}$

c) $P = \frac{4}{9}$

d) $P = \frac{1}{36}$

Aufgabe 6

a) $P = \frac{16}{33}$

b) $P = \frac{1}{11}$

c) $P = \frac{14}{33}$

d) $P = \frac{1}{33}$

Aufgabe 7

a) $x = 3{,}33$ m
b) $s^2 = 0{,}12$ m²
c) $s = 0{,}35$ m

Bist du fit? Teste dein Wissen!

Aufgabe 1

a) $P = \frac{55}{124}$

b) $P = \frac{3}{248}$

c) $P = \frac{4}{31}$

d) $P = 0$

e) $P = \frac{255}{496}$

Aufgabe 2

a) $P = \frac{125}{1\,728}$

b) $P = \frac{1}{64}$

c) $P = \frac{5}{24}$

Aufgabe 3

a) **998 ml** wurden im Durchschnitt abgefüllt.

b) $s = 6{,}13$ ml

c) ja

Aufgabe 4

a) $x = 9{,}65$ l
b) $s^2 = 0{,}32$ l²; $s = 0{,}56$ l
c) Fahrstil, Verkehr, Reifendruck, Ampeln …

Vermischte Übungen — Seite 50–52

Übung 1

a)

Weite (x)	Höhe (y)
0	1,6
1	2,6
2	3,2
3	3,4
4	3,2
5	2,6
6	1,6
7	0,2
8	–1,5

b)

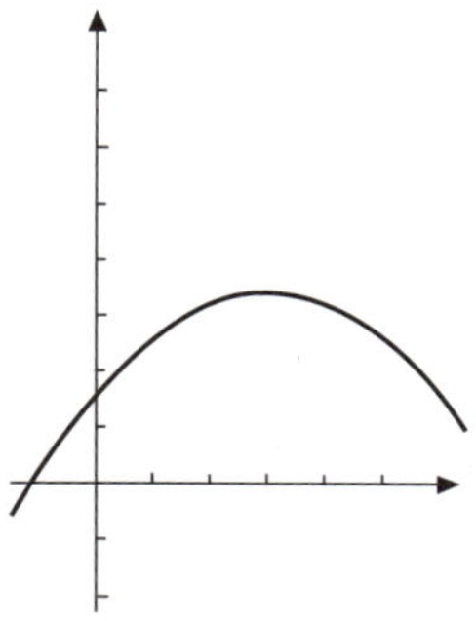

c) 7,12 m

d) Die Parabel wäre dann nach oben geöffnet, sodass die Kugel zunächst fallen und dann wieder steigen würde.

Übung 2

a) Bei beiden Sägeformen fällt **gleich viel** Verschnitt (536,5 cm^2) an.

b) Der Verschnitt beträgt gegenüber der ursprünglichen Holzplatte **21,46 %.**

c) Der Verschnitt beträgt gegenüber den Pflanzenrollern **27,3 %**.

Übung 3

a) II b) III c) IV d) I

Übung 4

Term **a)** gibt an, wie viele Sitzplätze der gesamte Zug hat.

Übung 5

Um möglichst viel Pizza pro Euro zu bekommen, muss man die **mittlere Pizza** bestellen. Bei der kleinen kostet 1 cm^2 Pizza 0,97 Ct, bei der großen kostet 1 cm^2 0,92 Ct und bei der mittleren kostet 1 cm^2 Pizza 0,88 Ct. Das Volumen kann vernachlässigt werden, da die Pizzas alle gleich dick sind.

Übung 6

Der Kegel hat ein Volumen von **500 cm^3** und einen Radius von **8,92 cm.**

Übung 7

$x = -4; y = -1$

Übung 8

a)

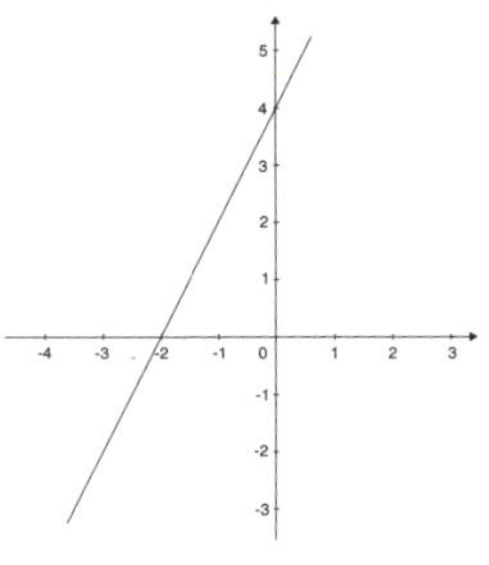

b) Nullstelle: $x = -2$

c) $P_1(7; 18)$
$P_2(3{,}5; 11)$
$P_3(0; 4)$
$P_4(-1; 2)$

Übung 9

Gewinnchancen: Spieler A: $\frac{1}{4}$; Spieler B: $\frac{1}{2}$; Spieler C: $\frac{1}{4}$

Übung 10

a) II b) I c) III d) IV

Übung 11

André läuft 1 600 Meter. Yannick muss daher **13-mal** die Diagonale (126,5 m) laufen.

Übung 12

a)

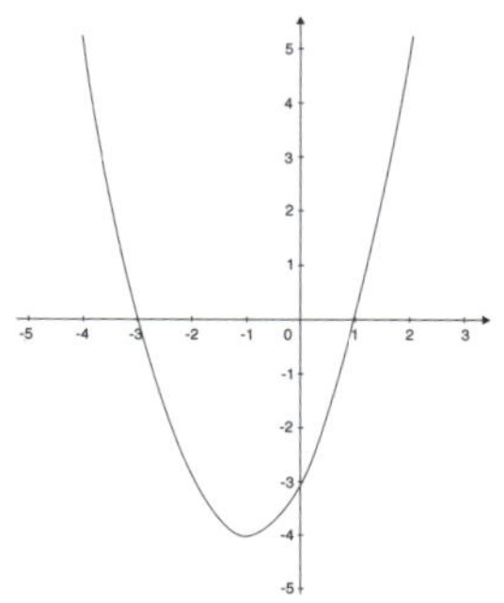

b) S(–1/–4)

c) steigend im Bereich $x > -1$; fallend im Bereich $x < -1$

d) $x_1 = 1$; $x_2 = -3$

e) $P_1(4; 21)$
$P_2(7 \text{ oder } -9; 60)$
$P_3(9 \text{ oder } -11; 96)$

Übung 13

Passende Zahlen sind **6** und **8.**

Übung 14

Der Turm ist ca. **66,24 m** hoch.

Übung 15

a) Es müssen mindestens **19,78 m^2** Teppich gekauft werden

b) Es werden mindestens **16,29 m** Leisten benötigt.

Übung 16

Die Spieler haben **nicht die gleichen Gewinnchancen,** da Spieler A nur in 15 Fällen gewinnt, Spieler B aber in 21 Fällen.

Übung 17

a) $x = 2$ und $y = 1$ b) keine Lösung c) $x = \frac{44}{9}$; $y = \frac{4}{3}$

Übung 18

a) Auf der Höhe von **1,80 m** (vom Boden aus) bzw. **3 m** (von der Decke aus) muss an der Schräge ein Träger angebracht werden

b) Der Regalboden muss **2,24** m lang sein.

Übung 19

a) $x = -5{,}6$
b) $x = 21$
c) $x = 0$
d) $x = 7$
e) $w = 2$
f) $x = 1$

Übung 20

a) max. 904,779 cm^3
b) max. 1 357,168 cm^3
c) max. 576 cm^3

Übung 21

a) $V = 307\,872{,}227\ m^3$
$O = 30\,758{,}28\ m^2$
$h_s = 107{,}93\ m$
$h_k = 96{,}17\ m$

b) $V = 16\,609{,}240\ m^3$
$O = 5\,657{,}43\ m^2$
$h = 20{,}14\ m$
$a = 49{,}74\ m$

c) $V = 834\,783{,}84\ m^3$
$O = 59\,178{,}24\ m^2$
Diagonale = 186,68 m
$s = 171{,}38\ m$
$h = 143{,}73\ m$
$h_s = 158{,}16\ m$

Übung 22

a) $y = 2 \cdot (x + 3)^2 - 2$
b) /
c) S(–3/–2)
d) Steigend im Bereich $x > -3$; fallend im Bereich $x < -3$
e) $x_1 = -4 \quad x_2 = -2$

Übung 23

a) Es werden **215,51 m²** Fliesen benötigt.
b) Es sind **200 119 l** Wasser in dem Becken.
c) Bei 5 m^3 pro Stunde dauert es ca. **40 Stunden**, bis das Becken voll ist.

Übung 24

Die Dose ist **8,57 cm** hoch.

Übung 25

Für den Eimer werden ohne Verschnitt **2 670,35 cm²** und mit Verschnitt **2 937,39 cm²** Blech benötigt.

Übung 26

a) $y = -x^2$

b) $y = -1 \cdot (x - 4)^2 + 1$

Übung 27

Der Baumstamm muss einen Mindestumfang von **111,09 cm** haben, da der Durchmesser mindestens 35,36 cm lang sein muss (Diagonale des Quadrates).

Lösungen

Maßeinheiten und ihre Umrechung

Geld			Einheit	Abkürzung
100 ct	=	1 €	Cent	ct
			Euro	€

Zeitspannen				
60 s	=	1 min	Sekunden	s
60 min	=	1 h	Minuten	min
24 h	=	1 d	Stunden	h
			Tag	d (day)

Gewichte				
1 000 mg	=	1 g	Milligramm	mg
1 000 g	=	1 kg	Gramm	g
1 000 kg	=	1 t	Kilogramm	kg
			Tonne	t

Längen				
10 mm	=	1 cm	Millimeter	mm
10 cm	=	1 dm	Zentimeter	cm
10 dm	=	1 m	Dezimeter	dm
1 000 m	=	1 km	Meter	m
			Kilometer	km

Flächen				
100 mm^2	=	1 cm^2	Quadratmillimeter	mm^2
100 cm^2	=	1 dm^2	Quadratzentimeter	cm^2
100 dm^2	=	1 m^2	Quadratdezimeter	dm^2
100 m^2	=	1 a	Quadratmeter	m^2
100 a	=	1 ha	Ar	a
100 ha	=	1 km^2	Hektar	ha
			Quadratkilometer	km^2

Volumina				
1 000 mm^3	=	1 cm^3	Kubikmillimeter	mm^3
1 000 cm^3	=	1 dm^3	Kubikzentimeter	cm^3
1 000 dm^3	=	1 m^3	Kubikdezimeter	dm^3
			Kubikmeter	m^3

Hohlmaße				
10 ml	=	1 cl	Milliliter	ml
100 cl	=	1 l	Zentiliter	cl
100 l	=	1 hl	Liter	l
			Hektoliter	hl

1 ml	=	1 cm^3
1 l	=	1 dm^3

Abkürzungsverzeichnis

Geometrie

In der Geometrie werden Punkte mit Großbuchstaben und Strecken, Geraden und Halbgeraden mit Kleinbuchstaben abgekürzt.

Griechische Buchstaben

α (Alpha)	ι (Jota)	ϱ (Rho)
β (Beta)	κ (Kappa)	σ (Sigma)
γ (Gamma)	λ (Lambda)	τ (Tau)
δ (Delta)	μ (My)	υ (Ypsilon)
ε (Epsilon)	ν (Ny)	φ (Phi)
ζ (Zeta)	ξ (Xi)	χ (Chi)
η (Eta)	o (Omikron)	ψ (Psi)
ϑ (Theta)	π (Pi)	ω (Omega)

Zeichen	Bedeutung	Zeichen	Bedeutung
A	Fläche (Area)	s	Seitenkante
U	Umfang	h_s	Seitenhöhe
O	Oberfläche	r	Radius
V	Volumen	d	Durchmesser
G	Grundfläche	π	3,14159265358…
M	Mantel	$a \parallel b$	a parallel b
h	Höhe	$a \perp b$	a steht senkrecht auf b
h_a	Höhe zur Seite a		
h_k	Körperhöhe	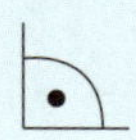	rechter Winkel (90°)

Arithmetik/Algebra

Zeichen	Bedeutung
$a < b$	a kleiner b
$a \leq b$	a kleiner oder gleich b
$a > b$	a größer b
$a \geq b$	a größer oder gleich b
$\neq$	ungleich
$\cup, \cap$	vereinigt, geschnitten
T	Termumformung
A	Ausmultiplizieren
$\frac{a}{b}$	a durch b
P(a; b)	Punkt P mit der x-Koordinate a und der y-Koordinate b
$\sqrt{a}$	Quadratwurzel aus a; gelesen: Wurzel aus a
$\sqrt[n]{b}$	n-te Wurzel aus b; gelesen: n-te Wurzel aus b
x^2	Quadratzahl von x; gelesen: x hoch 2 oder x-Quadrat
y^n	n-te Potenz von y; gelesen: y hoch n
$\log_b a$	Logarithmus a zur Basis b

Prozentrechnung		Zinsrechnung	
G	Grundwert	K	Kapital
P_w	Prozentwert	Z	Zinsen
p%	Prozentsatz	p%	Zinssatz
		i	Zeitfaktor

Mengen

N Menge der natürlichen Zahlen
$N = \{1, 2, 3, ...\}$

Z Menge der ganzen Zahlen
$Z = \{... -3, -2, -1, 0, 1, 2, 3 ...\}$

Q Menge der rationalen Zahlen
$Q = \{..., -2\frac{2}{3} ..., -1{,}25 ..., -\frac{1}{2} ..., 0 ..., \frac{1}{2} ..., 1{,}25 ...)$

R Menge der reellen Zahlen
$R = \{..., -4\frac{1}{3} ..., -\sqrt{2} ..., -0{,}75 ..., 0 ..., 0{,}56 ..., \sqrt{3} ..., \pi ...\}$

$R^{+}\backslash\{1\}$ Menge der positiven reellen Zahlen ohne 1

Römische Zahlen

I	V	X	L	C	D	M
1	5	10	50	100	500	1 000

Stichwortverzeichnis

A
absolute Häufigkeit 46
Achsenabschnitt b 18
Additionsverfahren 20
Ankathete 37
antiproportionale Zuordnungen 5
arithmetisches Mittel 48

B
Basis (Potenzen) 40, 45
Baumdiagramm 48
binomische Formeln 15

D
Diagramme 8ff.
Drachenviereck 14
Dreieck 11f., 13
Dreisatz 5
Durchmesser (Kreis) 27

E
Einheitskreis 37
Einsetzungsverfahren 19
Elementarereignis 46
Ereignis 46
Ergebnis (Stochastik) 46
Ergebnismenge (Stochastik) 46
Euklid 29f.
Exponent 40f., 45
Exponentialfunktionen 43f.
– exponentielle Abnahme 44
– exponentielles Wachstum 43

F
Flächeninhalt 13f.
Funktionen 17ff., 25ff.

G
Gegenkathete 37
gewichtetes arithmetisches Mittel 48
Gleichungen 15ff., 22ff.
Gleichsetzungsverfahren 19
Grundwert (G) 7

H
Hochzahl 40ff.
Höhenlinien (Dreieck) 12
Höhenquadrat 30
Höhensatz des Euklid 30
Höhenschnittpunkt 12
Hypotenuse 29, 37
Hypotenusenabschnitt 29
Hypotenusenquadrate 29

I
Inkreis 12

K
Kapital (K) 7
Kathete 29
Kathetenquadrate 29
Kathetensatz des Euklid 29
Kegel 34
Kegelstumpf 35
Konstruieren 11f.
Kosinus 37ff.
Kosinusfunktion 37
Kosinussatz 39
Kreis 27f.
Kreisausschnitt 28
Kreisbogen b 28
Kreisdiagramm 8
Kreisring 28
Kugel 36

L
Laplace-Experiment 46
lineare Funktionen 17ff.
lineare Gleichungen 15ff.
lineare Gleichungssysteme 19ff.
lineare Ungleichungen 15ff.
Logarithmus 43ff.
Logarithmusgesetze 45

M
Mittelpunkt 27
Mittelsenkrechte 12
Mittelwert 48

N
Nebenwinkel 10
Normalparabel 25

O
Oberfläche 33ff.

P
Parallelogramm 13
Passante 27
Pfadregeln 48
Potenzen 40f.
Potenzfunktionen 42f.
Potenzgesetze 40
p-q-Formel 23
Prisma 34
Produktregel (Stochastik) 48
proportionale Zuordnungen 5
Prozentrechung 7f.
Prozentsatz (p%) 7
Prozentwert (P_w) 7
Pyramide 35
Pyramidenstumpf 35f.
Pythagoras 29f.

Q
Quader 33
Quadrat 13
quadratische Ergänzung 22
quadratische Funktionen 25ff.
quadratische Gleichungen 22ff.
Quadratwurzel 41

R
Radius 27
Radizieren 41
Raute 13
Rechteck 13
relative Häufigkeit 46

S
Satz des Pythagoras 29
Säulendiagramm 8
Scheitelform 23, 25f.
Scheitelwinkel 10
Schwerpunkt 12
Sehne 27
Seitenhalbierende 12
Sekante 27
Sinus 37ff.
Sinusfunktion 37
Sinussatz 38
Standardabweichung s 48f.
Statistik 48f.
Steigung m 18
Stochastik 46ff.
Strahlensätze 31ff.
Stufenwinkel 10
Summenregel (Stochastik) 48

T
Tangens 37ff.
Tangente 27
Trapez 14
Trigonometrie 37ff.

U
Umfang 13ff.
Umkreis 12
Ungleichungen 15ff.

V
Volumen 33ff.
Varianz s^2 48f.

W
Wahrscheinlichkeit 46ff.
Wechselwinkel 10
Winkel 10f.
Winkelhalbierende 12
Winkelsumme im n-Eck 11
Würfel 33
Wurzel 40f.
Wurzelexponent 41
Wurzelgesetze 41

Z
Zinsrechnung 7f.
Zinsen (Z) 7
Zinseszinsen 7
Zinssatz (p%) 7
Zufallsexperiment 46
Zuordnungen 5f.
Zylinder 34